Linux C
编程完全解密

闫敬 吴淑坤 编著

清华大学出版社
北京

内 容 简 介

本书以 Red Hat 9.0 和 Ubuntu 12.01 为平台，系统地介绍了 Linux 操作系统下的各种 shell 命令以及在此平台下进行 C 语言开发的步骤和方法，并通过大量实例讲解在 Linux 下进行 C 语言开发的方法和技巧。

本书共 13 章，包括 Linux 操作系统概述，Linux 的基本操作，文本编辑器，Linux 下的 C 语言开发基础，静态库和动态库，make 工程管理，文件编程，shell 脚本的开发，进程管理，进程间通信（IPC），POSIX 线程，Linux 网络编程，Linux 驱动程序和嵌入式基础。同时还配有综合项目实战环节的源代码，使读者能够在此基础上举一反三，提升开发应用项目的能力。

本书结构合理、内容全面、深入浅出、通俗易懂，具有很强的参考性和实用性。可作为普通高等院校计算机及相关专业进行 Linux 平台下 C 语言程序设计的教材，也可作为程序开发员的参考用书。

图书在版编目(CIP)数据

Linux C编程完全解密 / 闫敬，吴淑坤编著. — 北京：清华大学出版社，2019（2022.1重印）
ISBN 978-7-302-53128-9

Ⅰ.①L… Ⅱ.①闫… ②吴… Ⅲ.①Linux操作系统—程序设计②C语言—程序设计
Ⅳ.①TP316.89②TP312.8

中国版本图书馆 CIP 数据核字（2019）第 104360 号

责任编辑：魏 莹
封面设计：杨玉兰
责任校对：周剑云
责任印制：宋 林

出版发行：清华大学出版社
　　　　网　　　址：http://www.tup.com.cn，http://www.wqbook.com
　　　　地　　　址：北京清华大学学研大厦 A 座　　　　邮　　编：100084
　　　　社 总 机：010-62770175　　　　　　　　　　邮　　购：010-62786544
　　　　投稿与读者服务：010-62776969，c-service@tup.tsinghua.edu.cn
　　　　质 量 反 馈：010-62772015，zhiliang@tup.tsinghua.edu.cn
印 装 者：三河市金元印装有限公司
经　　销：全国新华书店
开　　本：185mm×260mm　　　印　　张：17.75　　　字　　数：431 千字
版　　次：2019 年 8 月第 1 版　　　印　　次：2022 年 1 月第 3 次印刷
定　　价：69.00 元

产品编号：078326-01

前言

Linux 系统基于开源软件思想，是当下最流行的操作系统之一。随着 Linux 系统的发展和广泛应用，其已占据绝大多数嵌入式系统和 PC 服务器的市场份额，且桌面系统的普及率也在逐年上升。越来越多的开发者希望了解 Linux 系统开发技术，特别是基于 Linux 系统上流行的 C 语言开发技术。

本书全面介绍了 Linux 系统上 C 语言开发技术，大量实例贯穿全书，由浅入深，力求使读者在学习后，能够掌握 Linux 平台下的开发技能，并通过大量的项目实战，培养综合实践能力。

本书特点

1. 提供 Ubuntu 免安装文件和 Red Hat 安装镜像

为了让读者更好地按照本书的内容进行学习，做到无障碍学习测试，作者提供了开发工具和环境，包括两个 Linux 发行版本和 VMware 10 的安装文件。

2. 配有大量实例源代码

为了让读者更加快速、直观地学习本书内容，在每个章节都安排了实例讲解。另外，一些重要章节的课后上机习题也附有源代码供读者参考。

3. 循序渐进，由浅入深

工欲善其事，必先利其器。为了方便读者学习，本书首先介绍了 Linux 操作系统平台下终端命令的使用方法和技巧。在此基础上，学习如何在 Linux 系统下进行 C 语言的开发。通过基础实例讲解和项目实战逐步培养学习能力，能够举一反三，具备一定的应用开发能力。

4. 项目实战案例

本书安排了两个项目实战，分别是模拟 ATM 功能和局域网内的聊天程序。项目实战旨在培养综合运用知识的能力，能够对所学知识进行有效整合，提高项目开发的能力和水平。

本书内容

第 1 章：介绍 Linux 操作系统的发展背景和特点。Linux 系统是一个开放的操作系统，在学习的同时，可根据自身需要安装 Linux 操作系统，为实践各种开发技能打好基础。

第 2 章：介绍了 Linux 系统的基本操作，包括 shell 命令的基本使用、目录及文件的相关操作命令、软件包的安装等内容。

第 3 章：介绍了 Linux 平台下的 vi 文本编辑器，通过本章的学习，会使用该编辑器编写 C 源文件。

第 4 章：介绍了 Linux 系统下 C 语言开发步骤，包括编译 C 语言的编译器 gcc 基本概念及编译过程和 IDE 集成开发环境的安装和使用。

第 5 章：介绍了动态库和静态库的应用，包括库的概述，静态库和动态库的创建步骤以及通过实例讲解静态库和动态库的区别。

第 6 章：介绍了 make 工程管理，包括 make 工程管理的作用，如何为项目编写规则文件，automake 的使用方法以及相关的实例讲解。

第 7 章：介绍了文件编程，包括基本的 I/O 函数的使用方法和技巧，文件锁的概念和使用，以及 ATM 项目实战。

第 8 章：介绍了 shell 脚本的开发，包括 shell 编程基础和 shell 脚本的语法，为了更好地掌握本章内容，特别布置了 shell 脚本设计示例。

第 9 章：介绍了 Linux 系统下的进程管理，包括进程的概念，进程控制等。其中进程控制中主要介绍了进程创建函数 fork、进程等待函数 wait 及 waitpid 函数的用法。

第 10 章：介绍了进程间的通信机制，包括管道、信号、信号量、共享内存、消息队列等通信机制的特点和应用，并进行了实例讲解。

第 11 章：介绍了 POSIX 线程，包括线程创建，线程等待，线程销毁和线程同步。本章最后通过项目实战——聊天室的设计与实现，对本章内容进行了练习。

第 12 章：介绍了 Linux 下的网络编程的方法和步骤，包括网络编程的基础知识，socket 实现本地通信和网络通信的编程思路和步骤，最后通过多客户通信的实例将本章内容与第 9 章内容结合运用，以提高综合运用能力。

第 13 章：介绍了 Linux 在嵌入式方向的应用，包括 Linux 驱动程序和嵌入式开发基础，嵌入式 Linux 开发的一般流程及开发中需要注意的问题，最后总结了 Linux 嵌入式开发的应用特点。

前言

　　本书由唐山师范学院的闫敬、吴淑坤老师编写完成。书中实例代码经过严格测试可以直接运行。同时对参与本书代码录入、语法校正等工作的同事们表示由衷的感谢!

　　由于作者水平有限，时间仓促，书中难免有错误和不妥之处，敬请读者批评指正。

编　者

目录

目录

第 1 章

Linux
操作系统概述

    Linux 是一套免费使用和自由传播的类 UNIX 操作系统，是一个基于 POSIX 和 UNIX 的多用户、多任务、支持多线程和多 CPU 的操作系统。它能运行主要的 UNIX 工具软件、应用程序和网络协议，且支持 32 位和 64 位硬件。Linux 继承了 UNIX 以网络为核心的设计思想，是一个性能稳定的多用户网络操作系统。

1.1　认识 Linux 操作系统

Linux 操作系统诞生于 1991 年 10 月 5 日。Linux 有多个版本，且都使用了 Linux 内核。Linux 可安装在各种计算机硬件设备中，例如手机、平板电脑、路由器、视频游戏控制台、台式计算机、大型机和超级计算机。

严格来讲，Linux 这个词本身只表示 Linux 内核，但实际上人们已经习惯用 Linux 来形容整个基于 Linux 内核，并且使用 GNU 的工具和数据库的操作系统。

1.1.1　Linux 操作系统发展背景

Linux 操作系统核心最早是由芬兰的 Linus Torvalds 于 1991 年 8 月在芬兰赫尔辛基大学上学时发布的。后来经过众多世界顶尖软件工程师的不断修改和完善，Linux 得以在全球普及开来，应用于服务器领域及个人桌面版，在嵌入式开发方面更是具有其他操作系统无可比拟的优势。

Linux 是一套免费的 32 位多人多工的操作系统，其稳定性、多工能力与网络功能是许多商业操作系统无法比拟的。另外，Linux 的最大特色在于源代码完全公开，任何人皆可自由取得、散布，甚至修改源代码。

1.1.2　Linux 操作系统的特点

Linux 的基本思想有两点：第一，一切都是文件，即系统中的所有内容都归结为一个文件，包括命令、硬件和软件设备、操作系统、进程等；第二，每个软件都有确定的用途。对于操作系统内核而言，都被视为拥有各自特性或类型的文件。至于说 Linux 是基于 UNIX 的，很大程度上也是因为这两者的基本思想十分相近。下面介绍 Linux 的特点。

1. 完全免费

Linux 是一款免费的操作系统，用户可以通过网络或其他途径免费获得，并可以任意修改其源代码，这是其他操作系统做不到的。正是由于这一点，来自全世界的无数程序员根据自己的兴趣和灵感参与了 Linux 的修改、编写工作，这让 Linux 不断升级。

2. 完全兼容 POSIX 1.0 标准

这使得可以在 Linux 下通过相应的模拟器运行常见的 DOS、Windows 程序。这为用户从 Windows 转到 Linux 奠定了基础，消除了他们的疑虑。

3. 多用户、多任务

Linux 支持多用户，每个用户的文件设备都有自己特殊的权利，保证了用户之间互不影响。多任务则是 Linux 最主要的一个特点，Linux 可以使多个程序同时并独立运行。

4. 良好的界面

Linux 同时具有字符界面和图形界面。在字符界面用户可以通过键盘输入相应的指令来进行操作。图形界面则是类似于 Windows 的 X-Window 系统，用户可以使用鼠标对其进行操作，其环境和 Windows 相似，可以说是一个 Linux 版的 Windows。

5. 支持多种平台

Linux 可以运行在多种硬件平台上，如具有 x86、680x0、SPARC、Alpha 等处理器的平台。此外 Linux 还是嵌入式操作系统，可以运行在掌上电脑、机顶盒或游戏机上。2001 年 1 月份发布的 Linux 2.4 版内核已经能够完全支持 Intel 64 位芯片架构。同时 Linux 也支持多处理器技术，多个处理器同时工作，使系统性能大大提高。

1.1.3 Linux 操作系统的应用现状

互联网产业的迅猛发展，促使云计算、大数据产业形成并快速发展，云计算、大数据作为一个基于开源软件的平台，Linux 占据了核心优势。据 Linux 基金会调查，86% 的企业已经使用 Linux 操作系统进行云计算、大数据平台的构建，成为最受青睐的云计算、大数据平台操作系统。

目前企业大量使用 Linux 作为服务器，Tomcat、jobss 这一类都是搭建在 Linux 上的，以及需要学习的数据库 Mysql、Oracle、DB2、Greenplum 等也都是使用 Linux 搭建的。

在全球超级计算机 TOP500 强操作系统排行榜中，Linux 的占比长期保持在 85% 以上，且呈快速上升趋势。根据 2016 年的排行榜，Linux 的占比已高达 98.80%。其实在各企业的服务器应用领域，Linux 系统的市场份额也越来越接近这个比例，这足以说明 Linux 的表现非常出色。

1.2　Linux C 开发概述

Linux 的本质只是操作系统的核心，负责控制硬件、管理文件系统、程序进程等。Linux Kernel(内核) 并不负责提供用户强大的应用程序，它没有编译器、系统管理工具、网络工具、Office 套件、多媒体、绘图软件等，其系统无法发挥强大功能，用户也无法利用这个系统工作，因此有人提出以 Linux 为核心再集成搭配各式各样的系统程序或应用工具程序组成一套完整的操作系统，而经过如此组合的 Linux 套件即称为 Linux 发行版。

国外封装的 Linux 以 Red Hat(又称为"红帽 Linux"）、Ubuntu、Open Linux、SUSE、Turbo Linux 等最为成功；国内 Linux 发行版做得相对成功的是红旗和中软两个版本。

1.2.1 Linux C 开发简介

Linux C 开发和以前学过的 C 语言有什么本质区别呢 ?C 语言学习的主要内容包括：

（1）C 的语法。

（2）标准 C 的库函数。

而 Linux 下的 C 开发课程学习的是 Linux 系统调用，也就是说如何使用 Linux 操作系统提供的函数，这是内核提供的函数，而系统调用属于底层调用，适合硬件编程，比如驱动等的编程。

应用程序既可以使用系统调用，也可以使用库函数。系统调用通常提供一种最小接口，而库函数通常提供比较复杂的功能，实际上也可以将库函数理解为对系统调用的封装。C 库函数和系统调用的关系及差别如图 1-1 所示。

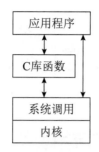

图 1-1 C 库函数和系统调用的关系

1.2.2 IEEE POSIX

POSIX 是由 IEEE（电气和电子工程师协会）制定的标准族。POSIX 是指可移植操作系统接口（Portable Operating System Interface)。它定义了操作系统应该为应用程序提供的接口标准，是 IEEE 为要在各种 UNIX 操作系统上运行的软件而定义的一系列 API 标准的总称，目的是提升应用程序在各个 UNIX 系统环境之间的可移植性。

1.2.3 Linux C 开发工具

在 Linux 操作系统下，C 语言编辑器一般采用 vi、gedit，其中 vi 是使用比较广泛的编辑器，文件名后缀为 .c。编译工具通常采用 gcc 编译器。gcc 是 GNU 推出的基于 C/C++ 的编译器，是开放源代码领域应用最广泛的编译器，其功能强大，编译代码支持性能优化。目前，gcc 可以用来编译 C/C++、Java 等语言程序，开发人员可根据需要选择安装支持的语言。具体的开发步骤及编译过程详见本书第 4 章。

1.3 小结

本章首先介绍了 Linux 操作系统的发展背景、特点以及应用现状，然后介绍了 Linux 下的 C 编程的主要内容和主要步骤，最后简单介绍了 Linux 下 C/C++ 语言源程序的编译工具 gcc。希望读者通过本章的学习，对 Linux 操作系统以及 Linux 下的 C 编程有一个基本认识。

◇◇ 习 题 ◇◇

一、填空题

1. Linux 操作系统的发行版本中，国外比较著名的是_____。

2. 在 Linux 下进行 C 开发，用到的编译工具是_____。

3. _____是指可移植操作系统接口。

4. Linux 操作系统的特点是_____。

5. Linux 操作系统是_____操作系统的一个克隆版本。

二、简答题

1. 简述 Linux 系统发展历程及比较著名的 Linux 版本。

2. 简述 Linux 系统中库文件的作用。

3. 简述 Linux 程序设计的特点。

三、上机题

选择一种 Linux 发行版本，将其安装到自己的计算机上。

第 2 章
Linux
的基本操作

本章主要介绍字符界面下 shell 命令的使用方法和技巧，包括用基本 shell 命令、高级 shell 命令来实现对文件的创建、复制、移动、删除等基本操作。

2.1 shell 初体验

2.1.1 虚拟终端

Linux 操作系统是一个真正的多用户操作系统，其虚拟终端可为多用户提供多个互不干扰、独立工作的界面。用户可用相同或不同的账号登录终端，同时使用计算机。

方法 按 Ctrl+Alt+（F1…F6）组合键。例如，按下 Ctrl+Alt+F1 组合键后，以 root 身份登录，即可进入第一个虚拟终端，如图 2-1 所示。

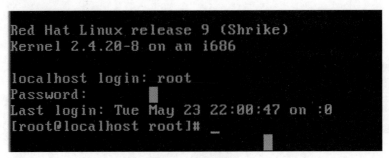

图 2-1 虚拟终端

自由练习时间 分别在 6 个虚拟终端以 root 身份登录后，回到图形界面（提示：从虚拟终端到图形界面使用 Alt+F7 组合键）。

2.1.2 shell 命令

1. shell 命令提示符

在终端，Shell 命令提示符有两种，当以 root（管理员）身份登录后，提示符为 "#" 号；当以普通账号登录后，提示符为 "$" 符号（在第 5 章会讲解普通账号的建立，本章实验都以 root 身份登录，所以提示符是 "#"）。

2. shell 命令格式

命令名 [选项] [参数]

说明：

（1）其中命令名是实现 shell 命令功能的英文单词或缩写。

（2）选项起到增强或限定命令功能的作用。以 - 或 - - 开头或省略。通常情况下，- 后面是单个字母，- - 后面是一个单词，多个选项可以只使用一个 "-"。

① ls - -help；② ls -l；③ ls –a，其中②③可以合并为 ls –la，④ tar cf…

（3）参数是命令执行的直接作用对象，不同的命令参数个数也不同，可以是 0 个、1 个或多个。

⚠ **注 意**　命令严格区分大小写。

3. shell 命令学习法宝——man 手册

man 是 manual 的缩写，即帮助的意思。man 除了提供 shell 命令的帮助信息，还包括系统内核函数等帮助信息。可以说，man 手册是初学者在学习 shell 命令时必备的"字典"，格式如下：

"man 命令名" 可以查看该命令的帮助信息；

"man 函数名" 可以查看该函数的帮助信息。

👍 **学一招**　当命令名和函数名（即上面提到的内核函数）相同时，默认查看的是命令的帮助信息，若想查看函数帮助信息，则加一个选项 2。即 man 2 函数名　man ls；man cd；man open。

2.2　shell 常用命令

🔘 2.2.1　目录和文件操作命令

1. pwd 命令

格式：pwd

说明：显示当前目录的绝对路径。

知识预备：Linux 中的路径分为相对路径和绝对路径。绝对路径是指从根目录 / 出发到当前目录或文件的路径，而相对路径是指从当前目录到其下子目录或文件的路径。目录之间用"/"分隔（提示：查看 Windows 操作系统下路径的表示，注意与 Linux 下的路径表示进行区分）。

2. cd 命令

格式：cd [目录相对路径或绝对路径]

说明：切换到指定目录。

3. ls 命令

格式：ls [选项] [文件或目录]

说明：无任何选项情况下，参数若是目录，显示该目录下的文件及子目录信息；如果参数是文件则显示该文件本身的信息。

选项说明：

[-l] 显示文件或目录的详细信息。

[-d] 参数必须是目录。功能是显示本目录的信息。

[-a] 显示包括隐藏文件的所有文件和目录，Linux 中以"."开头的就是隐藏文件。

切换到 /home 下，查看 /home 下的文件及子目录的详细信息；只查看 /home 目录本身的详细信息；再切换到根目录 / 下，查看 / 目录下的文件及子目录详细信息，如图 2-2 所示。

```
[root@localhost root]# cd /home
[root@localhost home]# ls -l
总用量 4
drwx------      2 wz           wz              4096    5月 23 21:58 wz
[root@localhost home]# ls -ld /home
drwxr-xr-x      3 root         root            4096    5月 23 21:58 /home
[root@localhost home]# cd /
[root@localhost /]# ls -l
总用量 193
drwxr-xr-x      2 root         root            4096    5月 24 04:50 bin
drwxr-xr-x      4 root         root            1024    5月 24 04:45 boot
drwxr-xr-x     20 root         root          118784    5月 24 13:28 dev
drwxr-xr-x     55 root         root            4096    5月 24 13:28 etc
```

图 2-2　操作过程截图

▶ 知识补充

　　Linux 中存在两个特殊目录，分别是 . 和 .. ，其中 . 表示当前目录，.. 表示上一级目录。请思考从 /home 切换到 / 的另外一种方法并验证。

4. mkdir 命令

格式：mkdir [选项] 目录路径

说明：创建目录（文件夹）。

选项说明：

[-p] 可以创建多级目录。

5. rm 命令

格式：rm [选项] 目录或文件

说明：删除指定目录或文件。

选项说明：

[-r] 递归删除。

[-f] 不需要确认的强制删除。

6. mv 命令

格式：mv　源文件或目录　　目标文件或目录

说明：移动或重命名文件及目录。

将 /home 中的 game 文件夹重命名为 mygame，然后将其移动到 /home/study 中，如图 2-3 所示。

```
[root@localhost root]# cd /home
[root@localhost home]# ls
game    study   wz
[root@localhost home]# mv game mygame
[root@localhost home]# ls
mygame  study   wz
[root@localhost home]# mv mygame study
[root@localhost home]# cd study
[root@localhost study]# ls
mygame
[root@localhost study]# cd ..
[root@localhost home]# ls
study   wz
```

图 2-3　操作过程截图

7. cat 命令

说明：查看文本文件的内容、创建文本文件、向文件追加内容、合并文件。

用法：

cat　文件路径——查看文本文件内容。

cat　>文件路径——文件不存在，则创建；文件存在，则覆盖原来文件的内容（输入完毕后一定按
Enter 键，然后使用 Ctrl+C 组合键结束输入）。

cat　>>文件路径——将新内容追加到已存在文件中；若文件不存在，则新建文件。

cat 文件 1 路径　文件 2 路径 > 文件 3 路径——将文件 1 和文件 2 的内容合并到文件 3 中。

例如：在 /home 中创建名为 a.c 和 b.c 的文件，并查看 a.c 文件的内容；为 b.c 添加内容并再次查看 b.c
的内容；将 a.c 和 b.c 合并成 main.c，如图 2-4 所示。

```
[root@localhost root]# cd /home
[root@localhost home]# cat >a.c
int max(int x,int y)
{return x>y?x:y;}

[root@localhost home]# cat >b.c
int min(int x,int y)
{return x<y?x:y;}

[root@localhost home]# cat b.c
int min(int x,int y)
{return x<y?x:y;}
[root@localhost home]# cat >>b.c
void swap(int a,int b)
{int t;
 t=a;a=b;b=t;}

[root@localhost home]# cat b.c
int min(int x,int y)
{return x<y?x:y;}
void swap(int a,int b)
{int t;
 t=a;a=b;b=t;}
[root@localhost home]# cat a.c b.c >main.c
[root@localhost home]# cat main.c
int max(int x,int y)
{return x>y?x:y;}
int min(int x,int y)
{return x<y?x:y;}
void swap(int a,int b)
{int t;
```

图 2-4　命令及结果截图

8. cp 命令

格式：cp 源文件或目录　目标文件或目录

说明：文件或目录的复制。

例如：在 /home 下创建"备份"文件夹，将 main.c 复制到"备份"文件夹中。

若将上述要求更改为将 main.c 复制到"备份"文件夹中并重命名为"program.c"，如何实现？想想
还有没有其他办法？（提示：可以先复制再使用 mv 重命名）

思考：如何将所有的 .c 文件进行复制？（提示：通配符。课下自学，查找相关资料）

知识补充

使用 Ctrl+ 空格可以完成中英文输入法的切换；使用键盘上的向上方向键可以"翻"出历史命令后重新执行，提高工作效率。如图 2-5 所示，该练习中两次用到了"ls 备份"命令，第二次就可以使用该方法调出该命令。

```
[root@localhost root]# cd /home
[root@localhost home]# mkdir 备份
[root@localhost home]# ls
a.c   b.c   main.c   study   wz   备份
[root@localhost home]# cp main.c 备份
[root@localhost home]# ls 备份
main.c
[root@localhost home]# cp main.c 备份/program.c
[root@localhost home]# ls 备份
main.c   program.c
```

图 2-5　复制截图

9. find 命令

格式：find [目录列表] [匹配标准]

其中，目录列表是文件查找范围，多个目录用空格隔开。匹配标准是希望查询的文件的依据。

说明：查找文件。

重点匹配标准为按文件名查找；格式：find 目录引表 -name 需要查找的文件名

⚠ **注 意** 当文件名有通配符时，必须用 " " 将文件名引起来。

-type　f　表示查找普通文件。

-type　d　表示查找目录。

例如：查找 /home 及子目录下的 main.c 文件；查找 /home 及子目录下所有的 .c 文件；自己创建一些文件和目录，练习按类型查找目录和文件。可参照图 2-6 进行练习。

知识补充

在很多情况下，查找文件或目录的目的是对其进行处理。例如，将 /home 下所有的 a.c 文件删除。这种情况就可以在 find 命令后面添加。

-exec　command　{} \; 即对查到的文件执行 command 操作。

⚠ **注 意** {} 和 \; 之间有空格。

那么将 /home 下所有的 a.c 文件删除，正确的写法为：find /home –name a.c –exec rm {} \; ，参照图 2-7 操作。

将 /home 下所有的 .c 复制到 /home/ 备份中。

10. grep 命令

格式：grep[参数] < 要找的字串 > < 要寻找字串的源文件 >

说明：在文件中搜索匹配的字符并进行输出。

[-i] 表示不区分大小写。

```
[root@localhost root]# find /home -name main.c
/home/main.c
/home/备份/main.c
[root@localhost root]# find /home -name "*.c"
/home/a.c
/home/b.c
/home/main.c
/home/备份/main.c
/home/备份/program.c
[root@localhost root]# cd /home
[root@localhost home]# mkdir dir1 dir2 dir3
[root@localhost home]# mkdir -p dir1/dir11/dir12
[root@localhost home]# find . -type d
.
./wz
./study
./study/mygame
./备份
./dir1
./dir1/dir11
./dir1/dir11/dir12
./dir2
./dir3
```

图 2-6　find 截图

```
[root@localhost root]# cd /home
[root@localhost home]# ls
a.c  b.c  dir1  dir2  dir3  main.c  study  wz  备份
[root@localhost home]# cp a.c dir1
[root@localhost home]# cp a.c dir2
[root@localhost home]# cp a.c dir3
[root@localhost home]# cp a.c study
[root@localhost home]# find /home -name a.c
/home/a.c
/home/study/a.c
/home/dir1/a.c
/home/dir2/a.c
/home/dir3/a.c
[root@localhost home]# find /home -name a.c -exec rm {} \;
[root@localhost home]# find /home -name a.c
```

图 2-7　查找并处理截图

例如，在 /home/main.c 中查找 max：

grep -i max /home/main.c

11. wc 命令

格式：wc [选项] 文件列表

选项说明：

[-c] 统计字节数。

[-l] 统计行数。

[-w] 统计字数。

说明：统计指定文件中的字节数、字数、行数，并将统计结果显示输出某个文本文件的字节数、行数和字数，如图 2-8 所示。

```
[root@localhost root]# cd /home
[root@localhost home]# cat >file.c
hello world
welcome

[root@localhost home]# wc file.c
      2       3      20 file.c
[root@localhost home]# wc -l file.c
      2 file.c
[root@localhost home]# wc -w file.c
      3 file.c
[root@localhost home]# wc -c file.c
      20 file.c
[root@localhost home]# ▉
```

图 2-8 wc 命令截图

统计一个目录下的文件和子目录个数，可利用下面的补充知识及 wc 命令来完成。

知识补充

重定向符号 > 的另一种用法是，可以将命令的输出结果重定向到一个文件。

例如：默认情况下 ls 命令的输出结果显示在屏幕上即标准输出，可将结果重定向到一个文件将信息存储起来。例如，将 /home 下的文件及子目录信息以文件 /beifen.txt 存储，如图 2-9 所示。

```
[root@localhost root]# cd /home
[root@localhost home]# ls >/beifen.txt
[root@localhost home]# cat /beifen.txt
b.c
dir1
dir2
dir3
file.c
main.c
study
wz
备份
[root@localhost home]#
```

图 2-9 重定向符号的用法截图

2.2.2 文件归档及压缩

在 Linux 操作系统中，使用 tar 命令可以为文件和目录创建备份。使用 tar 命令，用户可以为某一特定文件创建备份文件，也可以在备份中改变文件，或者向备份文件中加入新的文件。使用 tar 命令，可以把大量文件和目录全部打包成一个文件，或将备份文件和几个文件组合成为一个文件，以便于网络传输。

tar 命令详解：

格式：tar [主选项 + 辅选项]　文件或者目录

主选项是必须要有的，它告诉 tar 要做什么事情，辅选项是辅助使用的，可以选用。

选项说明：

[c] 创建打包备份文件。

[r] 追加到备份文件的末尾。例如用户已经做好备份文件，又发现还有一个目录或是一些文件忘记备份了，这时可以使用该选项，将忘记的目录或文件追加到备份文件中。

[t] 列出备份文件的内容，查看已经备份了哪些文件。

[u] 更新备份中的文件。

[x] 从备份文件中释放文件。

情景模拟：小张要送给女朋友小李一些文件作为礼物，于是准备了一些文件后对其进行打包，打包后对备份文件的内容进行查看，发现少备份了一个文件，于是将其追加到备份文件中，再次查看备份文件。请参照图 2-10 练习。

```
[root@localhost home]# cat >gift1.txt
hello

[root@localhost home]# cat >gift2.txt
world

[root@localhost home]# cat >gift3.txt
welcome to tangshan

[root@localhost home]# ls
a.tar  b.tar  dir2  file.c    gift2.txt  main.c  wz
b.c    dir1   dir3  gift1.txt  gift3.txt  study   备份
[root@localhost home]# tar -cf gift.tar gift1.txt gift2.txt
[root@localhost home]# ls
a.tar  b.tar  dir2  file.c    gift2.txt  gift.tar  study  备份
b.c    dir1   dir3  gift1.txt  gift3.txt  main.c    wz
[root@localhost home]# tar tf gift.tar
gift1.txt
gift2.txt
[root@localhost home]# tar rf gift.tar gift3.txt
[root@localhost home]# tar tf gift.tar
gift1.txt
gift2.txt
gift3.txt
```

图 2-10　tar 命令的使用（1）

小张突然想起其中一个文件的内容需要修改，于是将文件内容修改后对备份文件进行了更新。请参照图 2-11 练习。

```
[root@localhost home]# cat >>gift1.txt
2017.5.20

[root@localhost home]# tar uf gift.tar gift1.txt
[root@localhost home]#
```

图 2-11　tar 命令的使用（2）

小李收到礼物后非常高兴，于是她将礼物移动到 /home/study 中（如果没有 study 文件夹，可利用前面知识创建该文件夹），然后将备份文件进行释放，查看各文件的内容。请参照图 2-12 练习。

```
[root@localhost home]# ls
a.tar  b.tar  dir2  file.c    gift2.txt  gift.tar  study  备份
b.c    dir1   dir3  gift1.txt  gift3.txt  main.c    wz
[root@localhost home]# mv gift.tar study
[root@localhost home]# cd study/
[root@localhost study]# ls
gift.tar  mygame
[root@localhost study]# tar -xf gift.tar
[root@localhost study]# ls
gift1.txt  gift2.txt  gift3.txt  gift.tar  mygame
[root@localhost study]# cat gift1.txt
hello
2017.5.20
[root@localhost study]# cat gift2.txt
world
[root@localhost study]# cat gift3.txt
welcome to tangshan
[root@localhost study]#
```

图 2-12　tar 命令的使用

如果小李收到礼物后，只想将部分文件进行释放，应该怎么做？如果将文件释放到指定目录而非当前目录，应该怎么做？

辅选项：z

在备份文件时加上辅选项 z，就会完成备份文件的压缩。本练习以上述情景为前提来进行。注意比较压缩文件和非压缩文件的名称和大小，如图 2-13 所示。

```
[root@localhost home]# tar czf gift.tar.gz gift1.txt  gift2.txt  gift3.txt
[root@localhost home]# cp gift.tar.gz study
[root@localhost home]# cd study
[root@localhost study]# ls
error.txt  gift1.txt  gift2.txt  gift3.txt  gift.tar  gift.tar.gz  mygame
[root@localhost study]# ls -l gift.tar  gift.tar.gz
-rw-r--r--    1 root      root          10240  5月 25 04:38 gift.tar
-rw-r--r--    1 root      root            197  5月 25 06:06 gift.tar.gz
```

图 2-13　tar 命令完成打包和压缩截图

⚠ **注 意**　对于使用 z 进行压缩的备份文件，当查看和释放时，也要加上 z 选项。

例如：tar xzf gift.tar.gz

🕐 2.2.3 软件包的安装

Linux 下公认的软件包标准是 Red Hat 专有的 RPM（Red Package Manager）软件包类型和 Ubuntu 的 deb 软件包类型。

（1）在 Red Hat Linux 发行版操作系统下安装 gcc 软件包的操作步骤。

首先从网络上下载 gcc 软件包，本书下载的软件包全名是 gcc-3.2.2-5.i386.rpm。接下来，在终端输入 rpm -ivh gcc-3.2.2-5.i386.rpm，结果如图 2-14 所示。

图 2-14　rpm 软件包安装过程截图

将 gcc 编译器安装完成后，就可以利用 gcc 对 C 源程序 a.c 进行编译，生成可执行文件 a.out，在终端执行 ./a.out 就可以查看程序的运行结果（gcc 编译器的使用方法见第 4 章，本节只以此为例介绍软件包的安装）。

（2）Ubuntu 下安装软件包的类型是 deb，首先从网络上下载软件包，然后在终端输入命令：sudo dpkg –I 软件包全名。

有时想要使用的软件并没有被包含到 Ubuntu 的仓库中，而程序本身也没有提供让 Ubuntu 可以使用的 deb 包，但如果提供了 rpm 包，也可在 Ubuntu 中安装。方法如下：

① 安装 alien 和 fakeroot 这两个工具，前者可将 rpm 包转换为 deb 包。安装命令为：

　sudo apt-get install alien fakeroot

② 将需要安装的 rpm 包下载备用，假设为 package.rpm。

③ 使用 alien 将 rpm 包转换为 deb 包：

　fakeroot alien package.rpm

④ 一旦转换成功，可使用以下指令来安装：

　sudo dpkg -i package.deb

2.3　深入 shell

2.3.1　通配符

通配符的作用是同时匹配多个文件以便于操作。常用的通配符是"*"和"?"，除此之外，还包括由 []、-、! 等组成的模式。

采取小组学习的方式将通配符的使用举例说明并动手操作。

例如：

cp *.c /home——将当前目录下所有的 .c 文件复制到 /home 文件夹中。

rm-f a?d.txt ——强制删除当前目录下首字符是 a、尾字符是 d 的文本文件。

2.3.2　重定向

重定向，顾名思义，重新定向。Linux 中的标准输入设备是键盘，标准输出设备是显示器。与输入有关的只有输入重定向。与输出相关的重定向分为输出重定向、附加输出重定向和错误输出重定向。

1. 输入重定向（0< 或 <）

标准输入重定向：不用键盘输入，而用其他设备输入。这里用 wall 来广播一下之前编辑的 test 文件，写法是 wall < /home/test ，即将 test 中的文件内容广播出去，如图 2-15 所示。为了看到效果，可新建多个终端，本实例中打开了两个终端。

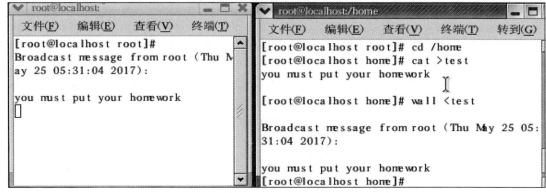

图 2-15　输入重定向截图

2. 输出重定向 (1> 或 >)

练一练：cata.cb.c>c.c　　ls >/home/file.txt。

3. 附加输出重定向 >>

练一练：cat　c.c>>/home/file.txt。

4. 错误输出重定向 2>

练一练：请参照图 2-16，将错误信息重定向到 error.txt 文件中。

```
[root@localhost study]# cp file1 file2
cp: stat 'file1'失败：没有那个文件或目录
[root@localhost study]# cp file1 file2 2>error.txt
[root@localhost study]# cat error.txt
cp: stat 'file1'失败：没有那个文件或目录
[root@localhost study]#
```

图 2-16　错误输出重定向截图

2.3.3 管道

Shell 的一个重要特征就是可以将多个命令用管道符号"|"连接起来形成一个管道流，前一个命令的输出将作为后一个命令的输入，从左到右依次执行管道中的各命令。

统计一个目录下的文件和子目录个数可利用管道来完成。例如，统计 /home 下文件和子目录个数，构造管道命令为

```
ls /home |wc-l
```

解析：ls /home 命令的结果不再显示在屏幕上，而通过管道成为下一个命令 wc 的输入，所以最后屏幕显示的就是 wc 的统计结果。请参照图 2-17 练习。

```
[root@localhost root]# ls /home|wc -l
     15
[root@localhost root]# ls /home
a.tar  b.tar  dir2  file.c    gift2.txt  main.c  test  备份
b.c    dir1   dir3  gift1.txt gift3.txt  study   wz
```

图 2-17　管道的使用截图

2.3.4 自动补全

当目录或文件名很长很复杂时，用户容易因输入错误而不能准确定位到目录或文件，自动补全就可以避免这种情况。用户在定位某个文件或目录时，只需要输入文件名的前几个字符，然后按下 Tab 键，系统就可以将文件名自动补全。

在 /home 中有一个名为 jsj-2016-2017-1-linux 的目录，切换到该目录。

输入 cd j，并按下 Tab 键即可自动补全。请思考，如果还存在一个名为 jsj-2016-2017-1-java 的目录，此时要切换到第一个目录，如何实现？会出现什么情况？动手练一练，可参照图 2-18。

```
[root@localhost root]# mkdir jsj-2016-2017-linux
[root@localhost root]# mkdir jsj-2016-2017-java
[root@localhost root]# cd jsj-2016-2017-
```

图 2-18　自动补全截图

输入 j 以后按下 Tab 键，再输入 l 并按下 Tab 键即可。

2.3.5 用户操作命令

Linux 是一个多用户、多任务操作系统，其中 root 用户是超级用户，该用户具有对系统操作最高的权限，所以若一直以 root 身份登录系统并操作，存在着一定风险。因此，在 Linux 中通常要创建很多普通账号，各个账号可根据需要分配不同的权限。

1. 创建用户

命令：useradd username

例如：useradd user1// 创建了一个名为 user1 的账号

2. 为用户设置密码

命令：passwd username

例如：passwd user1

3. 删除用户

命令：userdel username

例如：userdel user1

4. 切换用户

命令：su [选项] username

例如：

su user1// 切换到 user1 身份进行操作

选项说明：

[-p] 执行 su 时不改变环境参数。

[-c] 切换到 username 时并执行指令，然后切换回原来的用户。

su root–c mkdir /dir1 // 以 root 身份创建文件夹 dir1

普通用户切换到 root 用户时需要输入 root 用户的登录密码，而从 root 用户切换到普通用户时则不需要输入密码。

5. sudo 命令

使用 su 命令切换用户的缺陷就是任何一个想转为 root 用户的人都得掌握 root 用户的密码，显然很不安全。sudo 命令能够补偿 su 命令的这个致命缺陷。sudo 命令还可实现以系统管理员的身份进行操作。

需要注意的是：sudo 不同于 su，不是人人都可以使用 sudo 临时切换到 root 身份进行操作，只有 root 授权的用户才享有 sudo 的特权。授权文件为 /etc/sudoers，新装的 Linux 操作系统中享有 sudo 特权的用户只有 root，如果希望用户 user1 享有 sudo 特权，必须将 user1 加入到授权文件中。操作步骤如下：

（1）将 /etc/sudoers 的权限更改为属主用户具有可读可写权限（默认是只读，无法进行修改）。在 [root@localhost　root]#　终端输入命令：chmod u+w /etc/sudoers。

（2）使用 vi 打开 sudoers 文件后，找到下面的字样，添加上带有底纹的一行。

```
#User privilege specification
        root      ALL=(ALL) ALL
        user1     ALL=(ALL) ALL
```

（3）保存退出。保存后一定要记得将 sudoers 的权限改为初始值（第（1）步中增加了 "w" 的权限，在这里直接去掉 "w" 的权限即可）。在终端输入命令：chmod u-w /etc/sudoers。

（4）使用 sudo 命令，测试过程如图 2-19 和图 2-20 所示。

```
[root@localhost root]# chmod u+w /etc/sudoers
[root@localhost root]# vi /etc/sudoers
[root@localhost root]# chmod u-w /etc/sudoers
[root@localhost root]# su user1
[user1@localhost root]$ cd
[user1@localhost user1]$ mkdir /goods
mkdir: 无法创建目录 /goods': 权限不够
[user1@localhost user1]$ sudo mkdir /goods
Password:
[user1@localhost user1]$ ls /
bin   dev   etc   goods   initrd   lost+found   mnt   proc   sbin   usr
boot  dir1  good  home    lib      misc         opt   root   tmp    var
[user1@localhost user1]$
```

图 2-19　sudo 命令的使用 (测试用户 user1)

```
[root@localhost root]# useradd user2
[root@localhost root]# passwd user2
Changing password for user user2.
New password:
BAD PASSWORD: it is too simplistic/systematic
Retype new password:
passwd: all authentication tokens updated successfully.
[root@localhost root]# su user2
[user2@localhost root]$ cd
[user2@localhost user2]$ sudo mkdir /goods_user2
Password:
user2 is not in the sudoers file.  This incident will be reported.
[user2@localhost user2]$ ls /
bin   dev   etc   goods   initrd   lost+found   mnt   proc   sbin   usr
boot  dir1  good  home    lib      misc         opt   root   tmp    var
[user2@localhost user2]$
```

图 2-20　sudo 命令的使用 (测试用户 user2)

从图 2-19 和图 2-20 的执行结果来看，因为 user1 被授权，所以他可以使用 sudo 命令顺利地创建目录 /goods。而 user2 未被授权，所以即便知道 root 用户的密码，仍不能完成创建目录的操作。

2.3.6 关机与重启

Linux 中常用的关机和重新启动命令有 shutdown、halt、reboot 以及 init，它们都可以达到关机和重新启动的目的，但是每个命令的内部工作过程是不同的，本节将介绍各个命令的使用方法。

1. shutdown 命令

shutdown 命令用于安全关闭 Linux 系统。通过直接断掉电源的方式来关闭 Linux 是十分危险的，因为 Linux 后台运行着多个进程，所以强制关机可能会导致进程的数据丢失，使系统处于不稳定状态，甚至会损坏硬件设备。

执行 shutdown 命令时，系统会通知所有登录的用户系统将要关闭，即使新的用户也不能再登录系统。使用 shutdown 命令可以直接关闭系统，也可以延迟指定的时间再关闭系统，还可以重新启动。延迟指定的时间再关闭系统，可以让用户有时间存储当前正在处理的文件和关闭已经打开的程序。

shutdown 命令的使用格式：shutdown [选项][时间][警告信息]

shutdown 命令的主要选项如下：

[-t] 指定在多长时间之后关闭系统。

[-r] 重启系统。

[-k] 并不真正关机，只是给每个登录用户发送警告信号。

[-h] 关闭系统。

[-c] 取消一个已经运行的 shutdown。

例如：用户希望在 2 分钟后关机，并告诉所有用户。输入的命令如下：

```
[ root@localhost   root]#  shutdown –h +2 "The system will shutdown in 2 minutes"
```

2 分钟后就会看到多用户的界面上出现警告信息 "The system will shutdown in 2 minutes"。

2. halt 命令

halt 是最简单的关机命令，其实就是调用 shutdown -h 命令。执行 halt 命令时，杀死应用进程，文件系统写操作完成后停止。

halt 命令的使用格式：halt [选项]

halt 命令的主要选项如下：

[-f] 强制关机。

[-i] 关机之前，断开所有的网络接口。

[-p] 关机时执行关闭电源的操作 poweroff，取消一个已经运行的 shutdown。

[-n] 关机前不做将内存数据写回硬盘的操作。

3. reboot 命令

reboot 的工作过程与 halt 类似，其作用是重新启动计算机。

reboot 命令的使用格式：reboot [选项]

reboot 命令的主要选项如下：

[-f] 强制关机。

[-i] 关机之前，断开所有的网络接口。

[-n] 关机前不做将内存数据写回硬盘的操作。

4. init 命令

init 是所有进程的祖先，其进程号始终为 1。init 用于切换系统的运行级别，切换的工作是立即完成的。init 0 命令用于立即将系统运行级别切换为 0，即关机；init 6 命令用于将系统运行级别切换为 6，即重新启动。

5. poweroff

部分 UNIX/Linux 系统才支持。读者可自行测试。

2.4 硬链接与软链接

我们知道任何文件都有文件名与文件内容两个属性，这在 Linux 操作系统里被分成两个部分：用户数据 (user data) 与元数据 (meta data)。用户数据，即文件数据块 (data block)，数据块是记录文件真实内容的地方；而元数据则是文件的附加属性，如文件大小、创建时间、所有者等信息。在 Linux 中，元数据中的 inode 号（inode 是文件元数据的一部分，但其并不包含文件名，inode 号即索引节点号）才是文件的唯一标识而非文件名。文件名仅是为了方便人们的记忆和使用，系统或程序通过 inode 号寻找正确的文件数据块。程序通过文件名获取文件内容的过程如图 2-21 所示。

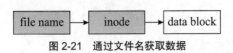

图 2-21　通过文件名获取数据

为解决文件的共享使用，Linux 系统引入了两种链接：硬链接 (hard link) 与软链接（又称符号链接，即 soft link 或 symbolic link）。链接为 Linux 系统解决了文件的共享使用，还具有隐藏文件路径、增加权限安全及节省存储等好处。

2.4.1　硬链接

若一个 inode 号对应多个文件名，则称这些文件互为硬链接。也就是说硬链接是同一个文件使用了多个别名。创建硬链接的命令为 link 或 ln。例如要创建文件 a.c 的硬链接，输入命令：ln a.c a_ylj.c，则创建了 a.c 的硬链接文件 a_ylj.c。

由于互为硬链接的文件具有相同的 inode 索引号，只是文件名不同，因此硬链接具有以下特点。

● 文件有相同的 inode 及 data block。
● 只能对已存在的文件创建硬链接。
● 不能对目录创建硬链接。
● 更改一个文件，与其互为硬链接的文件都会被改变（一改全改）。
● 删除一个硬链接文件并不影响其他互为硬链接的文件。

下面通过测试来验证硬链接的特性。操作过程如图 2-22 所示。

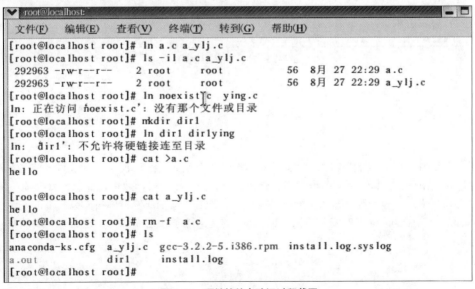

图 2-22　硬链接特点验证过程截图

2.4.2 软链接

软链接与硬链接不同，软链接文件内容是另一文件的路径名，相当于 Windows 系统下文件或文件夹的快捷方式。创建软链接的命令：ln –s fileold fileruan，即为文件 fileold 创建软链接——fileruan。

软链接的特点如下。

● 软链接有自己的 inode 节点。

● 可创建对文件或目录的软链接。

● 删除软链接并不影响被指向的文件，但若被指向的原文件被删除，则相关软链接被称为死链接（即 dangling link，若被指向路径文件被重新创建，死链接可恢复为正常的软链接）。

下面通过测试来验证软链接的特性。操作过程如图 2-23 所示。

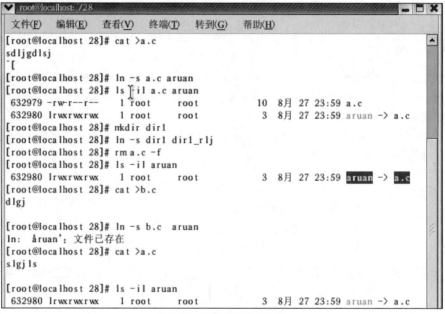

图 2-23　软链接的创建截图

2.5　小结

本章主要介绍了 Linux 的基本操作，以 shell 命令为基础介绍了 Linux 下文件及目录的基本操作，包括文件及目录的创建、复制、移动、重命名和删除操作。为了提高操作效率，介绍了 shell 命令通配符的使用以及自动补全命令等。然后介绍了 rpm 类型的软件包在 Red Hat 发行版操作系统下的安装过程以及 deb 类型的软件包在 Ubuntu 下的安装方法。Linux 下的文件除了普通文件外，还有一类叫软链接和硬链接的文件。

◇◇ 习 题 ◇◇

一、填空题

1. 在 Linux 中，存在目录 /home，现需建立 /home/study 目录，正确的 shell 命令是＿＿＿＿＿＿＿＿。

2. Linux 中，获取一个 shell 命令的帮助信息，可以使用＿＿＿＿＿＿＿＿＿＿＿命令。

3. 要创建目录 A 并创建目录 A 的子目录 B，如果只能写一条命令，应该是＿＿＿＿＿＿＿＿。

4. 删除一个目录时如果使用 rm 命令，则应该加上选项＿＿＿＿＿＿＿＿。

5. 在 /root 中创建 /home/file 文件的硬链接，正确的写法是＿＿＿＿＿＿＿。

二、上机题

1. 参照本章所给实例，练习 rpm 软件包和 deb 软件包的安装。

2. 练习目录和文件的各种操作。

3. 练习切换用户的相关命令。

第 3 章

文本编辑器

Linux/UNIX 操作系统下使用的文本编辑器有很多，例如，图形模式下的编辑器有 gedit、kwrite、OpenOffice 等，文本模式下的编辑器有 vi、vim（vi 的增强版本）和 nano 。vi 和 vim 是 Linux/UNIX 中最经典、最常用的编辑器，多数 Linux/UNIX 发行版中都提供了 vi 编辑器。本章主要介绍 vi 编辑器的使用方法和技巧。

3.1 vi 编辑器概述

vi 编辑器是全屏幕文本编辑器，只能编辑字符，vi 没有菜单，不能像 Windows 中的文字处理软件 Word 一样对文字进行排版操作。但 vi 编辑器在系统管理、服务器管理中，是图形界面编辑器所不可相比的。当系统里没有安装 X-windows 桌面环境时，仍需要字符模式下的编辑器。vi 可以执行输出、删除、查找、替换、块操作等多数文本操作，而且用户可以根据需要对其进行定制。由于 vi 或 vim 编辑器运行于字符界面并能用在所有的 Linux/UNIX 环境中，所以 vi 编辑器仍被广泛应用。

3.1.1 vi 的三种工作模式

vi 共有 3 种工作模式：命令模式、插入模式和末行模式。不同的工作模式提供了不同的对文本的操作方法。

1. 命令模式

当使用 vi 创建或打开一个文件时，默认的模式就是命令模式。在此模式下输入的字符都将作为命令来解析。如果在此模式下输入 i 或 a 或 o 字符，则立刻转入到"插入模式"。

2. 插入模式

插入模式又称为文本编辑模式，顾名思义，在该模式下可以像在记事本中一样编辑文本，包括输入、删除等操作。输入的任何字符都会当作文本内容。在当前模式下如果按 Esc 键则会切换到"命令模式"。

3. 末行模式

末行模式又称为底行模式。在命令模式下输入冒号"："即可切换到末行模式。在此模式下可以输入相应的命令来完成文本的搜索、替换、保存等工作。命令执行完毕后自动切换到命令模式。

vi 三种工作模式的切换如图 3-1 所示。

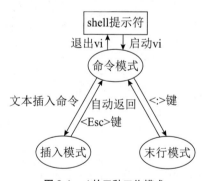

图 3-1 vi 的三种工作模式

3.1.2 vi 的初体验

既然 vi 是文本编辑器，所以使用 vi 无非就是完成文件的创建或打开以及文件的编辑和保存。

例 3-1 在当前目录下创建一个名为"3-1.txt"的文件，输入内容后保存并退出。

操作步骤：

（1）在终端输入命令：vi 3-1.txt（如果 3-1.txt 不存在，则为创建操作；若 3-1.txt 存在，则为打开操作）。

（2）执行第（1）步命令后进入 vi 界面，工作模式为命令模式，此时按键盘上的"i""a""o"键，进入插入模式，如图 3-2 所示。

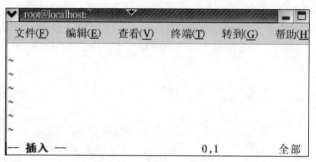

图 3-2　vi 的插入模式截图

图 3-2 中，在 vi 的底端出现了"--- 插入 ---"的字样，此时已经是插入模式。

（3）插入模式下，输入一些文本，然后按 Esc 键进入命令模式（在插入模式下不能实现文件的保存工作，输入的所有字符都将作为文件内容），此时连续输入两次大写的"Z"，则完成保存退出操作。或者按"："键进入底行模式，在底行模式下输入命令 wq，也可以完成文件的保存退出操作，如图 3-3 所示。

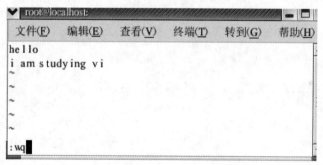

图 3-3　在底行模式下的保存退出

到此为止，使用 vi 编辑器完成了文件的创建、内容编辑和保存操作。

3.2　命令模式下的文本块操作

在命令模式下可以完成文本块的复制、移动、删除、撤销与重复、查找、搜索与替换等操作。接下来介绍相应的操作命令和使用方法。

3.2.1　行的定位

在使用 vi 操作文本文件时，常常涉及行的定位，例如，对文件的第 5 行进行操作，首先将光标移动到该行，第一种方法就是使用键盘上的方向键进行，但对于行与行距离较大的情况，这种方法效率较低。第二种方法是在命令模式下，先按下键盘上需要定位到的行号，然后再按键盘上的"G"键，就可以将光标迅速定位到该行。

例如：当前光标在第 2 行，希望定位到第 120 行，相应的操作为：依次按下数字键 1、2、0，再按字母键"G"即可定位到第 120 行。

命令模式下的行定位操作对于 Linux 下进行 C 程序开发的程序员来讲非常重要。在程序编译时会将错误信息及出错代码所在的行号一并显示出来，这时就需要使用行的定位操作定位到出错行进行修改。常用的行定位操作命令见表 3-1。

表 3-1 命令模式下的行定位

操 作 键	功　　能
0	光标移动至行首
h	光标左移一格
l	光标右移一格
j	光标下移一行
k	光标上移一行
$+A	将光标移动到该行最后
PageDn	向下移动一页
PageUp	向上移动一页

3.2.2 文本块的复制、移动和删除

1. 复制

（1）在命令模式下输入 yy 或 $n$yy，表示复制当前行或当前行开始的连续 n 行到缓冲区，n 是一个具体的整数。

例如：输入"6yy"表示复制从光标所在的该行"往下数"（包括光标所在行）6 行文字到缓冲区。

（2）在命令模式下按 P 或 p 键将缓冲区内的字符粘贴到光标所在位置。其中，P 是粘贴到光标所在行的上面，p 是粘贴到光标所在行的下面。

例 3-2　将 3.1.2 节创建的 3-1.txt 打开，并将第一行文本复制到第二行下面。操作过程如下：

在终端输入 vi 3-1.txt，将光标定位到第一行，按键盘上的"y"键进行复制，将光标定位到第二行，按"p"键完成复制操作。

本例中涉及行的定位操作可以使用键盘上的方向键，也可以参照 3.2.1 节中行定位的方法。

2. 移动

（1）在命令模式下输入 dd 或 $n$dd，表示剪切当前行或当前行开始的连续 n 行到缓冲区，n 是一个具体的整数。

例如："6dd"表示剪切从光标所在的该行"往下数"（包括光标所在行）6 行文字到缓冲区。

（2）在命令模式下按 P 或 p 键将缓冲区内的字符粘贴到光标所在位置。其中，P 是粘贴到光标所在行

的上面，p 是粘贴到光标所在行的下面。

关于文本块的移动操作请参照例 3-2。

3. 删除

在命令模式下的删除操作见表 3-2。

表 3-2　命令模式下的删除操作

操　作　键	功　　能
x	删除光标所在的文字
nx	删除光标后面的 n 个字符
X	删除光标前面的一个字符
nX	删除光标前面的 n 个字符
dd	删除光标所在行
$n$dd	删除光标所在行向下 n 行

3.2.3 撤销和重复

按"U"键可以撤销上一步的操作，按 Ctrl+R 快捷键可恢复（即撤销上次的撤销操作）。

按"."键将重复上一步操作。

3.2.4 字符串的查找

在命令模式下的字符串查找命令见表 3-3。

表 3-3　命令模式下的字符串查找命令

命令模式下的操作命令	功　　能
/ 字符串	在命令模式下，先按"/"键，然后输入要查找的字符串。如果找到，光标停留在该字符串的首字母上。搜索范围是从光标当前位置开始向文件尾查找
? 字符串	先按"?"键，然后输入要查找的字符串。如果找到，光标停留在该字符串的首字母上。搜索范围是从光标当前位置开始向文件头查找
n	继续查找满足条件的字符串
N	改变查找的方向，继续查找满足条件的字符串

3.3　末行模式下的常用操作

在末行模式下的常用操作包括文本的复制、移动、删除和文本的查找与替换等。末行模式下的各项命令及功能见表 3-4。

表 3-4　末行模式下的各项命令及功能

末行模式下的操作命令	功　能
n1,n2 co n3	将 n1（包括 n1）行到 n2（包括 n2）行的所有文本复制到 n3 行之后
n1,n2 m n3	将 n1（包括 n1）行到 n2（包括 n2）行的所有文本移动到 n3 行之后
n1,n2 d	删除 n1（包括 n1）行到 n2（包括 n2）行的所有文本
n1,n2 s/ 字符串 1/ 字符串 2/g	将 n1（包括 n1）行到 n2（包括 n2）行的所有字符串 1 替换为字符串 2
%s/ 字符串 1/ 字符串 2/g	把整个文件每行中所有字符串 1 替换成字符串 2
set nu	显示行号
set nonu	不显示行号
w	保存当前文件
w 新文件名	将当前的内容另存到新文件中
wq	保存当前文件并退出
x	保存当前文件并退出，功能与 wq 相同
q	退出 vi
q !	强制退出（不保存）

3.4　vi 环境定制

vi 的环境配置文件为 .vimrc，它是一个隐藏文件，可以在用户的 /home 目录中手动创建，然后将希望的设置值写入，这样每次启动 vi 时就会自动读取配置文件的内容，从而得到定制好的环境。vi 环境配置文件设置参数见表 3-5。

表 3-5　vi 的环境设置参数

设置参数	功　能
:set nu 或 :set number	设置显示行号
:set nonu	取消显示行号
:set hlsearch	hlsearch 就是 high light search（高亮度查找）。设置是否将查找的字符串反白显示。默认是 hlsearch
:set nohlsearch	设置不将查找的字符串反白显示
:set autoinden	表示自动缩进
:set noautoinden	不产生自动缩进
:set bg=dark	用以显示不同颜色的色调
:set bg=light	颜色色调默认为 light
:syntax on	设置程序不同，语法会显示不同颜色，默认为此设置
:syntax off	程序不同，语法颜色不做区分

例 3-3　设置 vi 环境为显示行号。操作如下：

（1）首先在终端输入　vi ~/.vimrc，创建一个配置文件。

（2）在 .vimrc 中输入内容：　　: set nu，如图 3-4 所示。

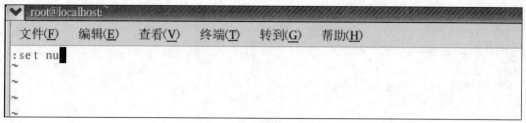

图 3-4　vi 环境配置文件编辑截图

（3）保存并退出。

（4）再用 vi 创建一个名为 3-2.c 的文件，如图 3-5 所示。

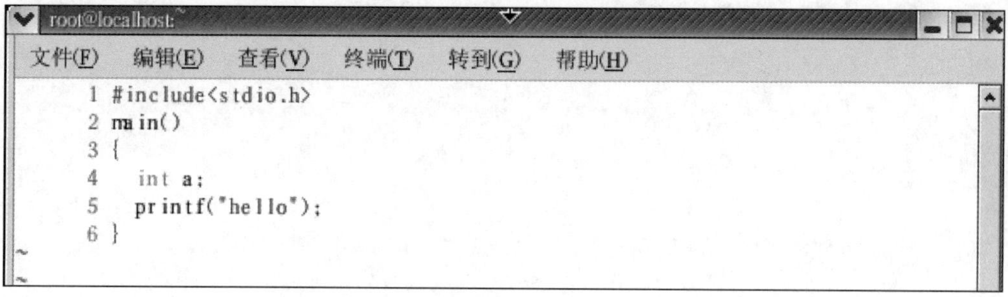

图 3-5　定制的 vi 环境截图

可见，每次用 vi 创建或打开文件后，界面中会显示行号，这样有利于程序员对程序进行查看和修改。

除了表 3-5 列出的设置项以外，还有其他设置项，例如，显示状态栏（:set laststatus=2），高亮显示当前行 / 列（:set cursorline/:set cursorcolumn）等，读者可以自行查阅相关资料，定制专属的 vi 环境。

3.5　小结

本章主要介绍了 Linux/UNIX 下应用比较广泛的 vi 文本编辑器，包括 vi 的三种工作模式及它们之间的切换方法，命令模式和末行模式下对文本块的操作方法，以及 vi 环境定制的方法。

◇◇◇ 习　题 ◇◇◇

一、填空题

1. vi 编辑器工作的三种模式分别是_____、_____和_____。

2. vi 的三种工作模式中，_____和_____之间是不能直接进行切换的。

3. 从插入模式切换到命令模式，应按_____键。

4. 在命令模式下，若想将光标所在的行复制到第 5 行之后，操作方法是_____。

5. 在命令模式下，若想迅速定位到第 12 行，按_____键来完成。

6. 在末行模式下，将第 3 行到第 16 行（包括第 3 行和第 16 行）所有的文本移动到第 20 行后，操作方法是_____。

　　7. 在末行模式下将字符串"hello"替换为"helloworld"的操作方法是_____。

　　8. 列举使用 vi 进行保存的命令_____

_____。

　　9. 在命令模式下的查找命令是_____。

　　10. vi 环境定制文件通常放置在用户的主目录中，文件名为_____。

二、上机题

　　1. 练习命令模式下文本块的操作。

　　2. 编写 vi 环境定制文件并进行测试。

　　3. 使用 vi 创建一文件，并输入至少 10 行内容，请在 vi 相应模式下按下面的操作进行测试。

　　2,9 co 10

　　1,2 d

　　%s/^/#/g

第 4 章

Linux
下的C语言开发
基础

Linux 下的编程可分为 Shell 编程和高级语言编程。其中，Shell 编程经常用到的语言是 BASH、Perl 等；高级语言主要有 C 语言、C++ 语言、Java 语言等。

本章的主要内容是在 Linux 下进行 C 语言的编程。我们知道，无论什么程序首先必须转换成低级语言（机器语言）即二进制代码以后才能被操作系统执行。Shell 程序都有各自的解释器，源程序不需要编译和链接就可以直接执行。而编译语言不同，源程序必须经过编译和链接生成可执行文件才能运行。在 Linux 下 C 源程序需要用到的编译工具是 gcc 编译器。

4.1 C 语言开发的基本步骤

在 Linux 操作系统下，应用比较广泛的编译器是 gcc 编译器。gcc 是 "GNU Compiler Collection" 的缩写，可知 gcc 是一个编译器集。gcc 不止可以编译 C 语言，还能用于 C++、Java，Object-C 等语言程序的编译。本书只关注 gcc 在 C 语言方面的编译功能。

C 语言源程序开发的基本步骤如下。

（1）根据项目需求划分功能模块。

（2）编辑。利用文本编辑器 vi 或 gedit 编写 C 源程序并保存，文件的后缀是 .c（若是 C++ 程序，则后缀为 cpp）。

（3）编译。将源程序进行编译，生成目标代码。

（4）链接。由 gcc 编译器将编译中生成的目标代码和库文件进行链接生成可执行文件。

（5）执行产生的可执行文件，查看程序运行结果，如果能正常运行并得到预想的结果，程序开发成功；若发现错误，首先排除错误，根据错误提示回到前两步来修改源程序，再次编译、链接，直到程序正确执行并得到正确结果。

gcc 对 C 语言源程序进行编译链接的过程如图 4-1 所示。

图 4-1　gcc 编译 C 语言源程序的过程

4.1.1 gcc 编译工具

上文提到，gcc 编译工具主要完成 C 语言源程序到可执行文件的转换，那么 gcc 编译工具到底如何使用？首先来了解 gcc 命令的语法格式。

gcc 语法格式：gcc ［选项］参数

gcc 命令的主要选项及作用：

[-o] 指定目标文件的名称。

[-g] 使生成的可执行程序中包含 debug 信息。

[-c] 只编译不链接。

[-E] 只做预处理。

[-S] 由 C 翻译成汇编。

在选项省略的情况下是 gcc 最简单的使用方式。

例 4-1　使用 vi 编辑器新建一个名为 "main.c" 的文件，输入 C 语言代码并使用 gcc 对其进行编译，生成可执行文件执行。

main.c 代码如下：

```
#include <stdio.h>
int main()
{
        printf( "my first C programme\n" );
        return 0;
}
```

编辑完成后，在命令终端输入命令：gcc　main.c。这时会生成一个名为 a.out 的可执行文件，若想指定可执行文件名为"first"，则在命令终端输入命令：gcc –o first main.c。

在终端输入 ./first 后按 Enter 键，则会看到程序的运行结果。

4.1.2 gcc 编译过程详解

从例 4-1 中可以看到用 gcc 编译器编译 C 语言程序生成可执行文件的过程，看起来是经过一步完成的，实际上是经历了四个步骤。为了读者对每一步骤生成的文件内容有更清晰的认识和理解，我们对例 4-1 的源程序稍做更改，增加一个宏定义，代码如下：

```
#define PI 3.14
#include <stdio.h>
int main()
{
        double r=1.0,s;
        s=PI*r*r;
        printf( "s=%ld" ,s);
        return 0;
}
```

第 1 步：预编译阶段。

该阶段主要是处理源文件中所有的伪指令，包括宏定义、头文件包含等，gcc 会将头文件及宏定义的内容全部展开到当前文件中。

命令：gcc main.c –E –o main.i

其中，main.i 就是预编译后生成的中间文件，可以使用 vi 打开 main.i，查看其内容。

操作过程如图 4-2 所示，main.i 的内容如图 4-3 所示。

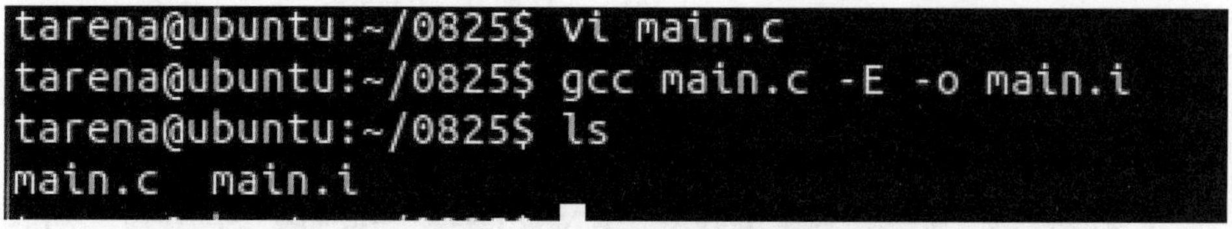

```
tarena@ubuntu:~/0825$ vi main.c
tarena@ubuntu:~/0825$ gcc main.c -E -o main.i
tarena@ubuntu:~/0825$ ls
main.c  main.i
```

图 4-2　gcc 预编译过程截图

```
extern void funlockfile (FILE *__stream) __attribute__
);
# 940 "/usr/include/stdio.h" 3 4

# 3 "main.c" 2
int main()
{
   double r=1.0,s;
   s=3.14*r*r;
   printf("s=%lf",s);
   return 0;
}
```

图 4-3　main.i 的部分内容截图

从图 4-3 中可以发现源程序中 s=PI*r*r 已经变成了 s=3.14*r*r，可见宏定义中 PI 的值已经展开到当前文件中。

第 2 步：编译阶段。

在该阶段，编译器完成 C 语言到汇编语言的转换。

命令：gcc main.i -s

这样在当前目录下就生成了一个 main.s 文件。main.s 的部分汇编代码如图 4-4 所示。

```
main:
.LFB0:
        .cfi_startproc
        pushl   %ebp
        .cfi_def_cfa_offset 8
        .cfi_offset 5, -8
        movl    %esp, %ebp
        .cfi_def_cfa_register 5
        andl    $-16, %esp
        subl    $32, %esp
        fld1
        fstpl   16(%esp)
        fldl    16(%esp)
        fldl    .LC1
        fmulp   %st, %st(1)
        fmull   16(%esp)
```

图 4-4　main.s 的部分内容

第 3 步：汇编阶段。

该阶段是将汇编语言翻译成二进制目标代码。

命令：gcc main.s –c

执行命令后，会在当前目录下生成一个名为 main.o 的二进制文件。查看二进制文件内容需要使用 od 命令来查看，输入 od main.o，则二进制目标文件的部分内容如图 4-5 所示。

```
0001340 000003 000000 000000 000000 000000 000000 000354 000000
0001360 000137 000000 000000 000000 000000 000000 000001 000000
0001400 000000 000000 000001 000000 000002 000000 000000 000000
0001420 000000 000000 001524 000000 000260 000000 000014 000000
0001440 000011 000000 000004 000000 000020 000000 000011 000000
0001460 000003 000000 000000 000000 000000 000000 002004 000000
0001500 000024 000000 000000 000000 000000 000000 000001 000000
0001520 000000 000000 000000 000000 000000 000000 000000 000000
0001540 000000 000000 000001 000000 000000 000000 000000 000000
0001560 000004 177761 000000 000000 000000 000000 000000 000000
```

图 4-5　main.o 二进制文件的部分内容截图

第 4 步：链接阶段。

在该阶段链接器将多个目标代码文件（以后还可能和库文件）进行链接，最终生成可执行文件。

输入命令：gcc main.o，会生成一个名为 a.out 的可执行文件。

输入命令：gcc –o first main.o，会生成一个名为 first 的可执行文件。

执行 a.out 或 first 文件，在终端输入 ./a.out 或 ./first，运行结果如图 4-6 所示。

```
tarena@ubuntu:~/0825$ gcc main.o
tarena@ubuntu:~/0825$ ./a.out
s=3.140000tarena@ubuntu:~/0825$
```

图 4-6　程序运行结果

通常情况下我们将前三步统称为编译阶段，将最后一步称为链接阶段。

4.1.3　gcc 编译多文件

实际的项目功能比较复杂，往往由多个源文件组成。为了使代码结构更加合理，通常将主函数和其他函数放在不同的源文件中。除了主函数外，每个函数都有函数声明和函数实现两部分。函数的声明、宏定义、自定义类型、类型别名等内容通常放在头文件中（即 .h 文件），头文件中甚至还可以包含头文件，这将在后续篇幅中讲到。函数的实现放在 .c 文件中。

如果项目中有多个源文件，基本上有两种编译方法，具体操作步骤请看例 4-2。

例 4-2　使用 gcc 编译多个源文件。

ex4-2.c 内容：
```c
#include <stdio.h>
#include "bank.h"
main()
{
        int a=5,b=18,c;
c=max(a,b);
printf( "a与b的最大值为%d" ,c);
}
```

m.c 内容：
```c
int max(int a,int b)
{
        if(a>b)
          return a;
else
          return b;
}
```

头文件 bank.h 内容：
```c
int max(int,int);
```

本例中，头文件 bank.h 的内容为函数 max 的声明，max 函数实现代码包含在文件 m.c 中。文件 ex4-2.c 中有函数 max 的调用语句。

上述代码编辑完成后保存。接下来分别介绍多个源文件的编译方法。

方法 1：多个文件一起编译。

用法：gcc main.c m.c –o test

该方法实际上是将多个源文件分别编译后再链接成 test 可执行文件。

方法 2：分别编译各个源文件，之后再对目标文件进行链接。

用法：

gcc –c main.c // 将 main.c 编译成 main.o

gcc –c m.c // 将 m.c 编译成 m.o

gcc main.o m.o –o test // 将 main.o 和 m.o 链接成可执行文件 test

以上两种方法相比较，第一种方法编译时需要重新编译所有文件，而第二种方法可以根据文件的更新情况只编译那些内容已更新的文件，未修改的文件可以不用重新编译，这样从一定程度上提高了工程的编译效率。

4.2 头文件

在项目中除了 .c 源文件外，还有一类很重要的文件就是头文件。前文中提到过，头文件内容主要包括函数的声明、自定义类型、宏定义，还包含其他头文件。头文件的内容可以编写在 .c 源文件里，为什么还要将这些内容分离出来单独存放在头文件中呢？在例 4-2 中，如果在 m.c 中定义一个结构体类型 struct student{int id;char name[10];};，那么在 main.c 中可以直接使用该类型定义一个结构体类型的变量吗？很显然，在某个文件中的类型定义作用范围局限于该文件，如果其他文件也需要这种类型，则必须重新定义。这样带来的问题就是类型定义需要在多个文件中重复进行，而头文件的目的就是把多个编译单元(也就是多个 .c 源文件)公用的内容，单独放在一个文件里，以减少整体代码量或者提供跨项目的公共代码。

C 语言标准库中的头文件有 15 个之多，常用的 4 个头文件包括 stdio.h、string.h、math.h、stdlib.h。

例如，头文件 stdio.h 定义了输入输出函数，当程序中使用到 scanf、printf、fread 等函数时必须将头文件 stdio.h 包含进来：#include <stdio.h>。如果在使用某个函数时不知道该函数需要将哪个头文件包含进来，可以使用 man 手册查询。例如需要查看 open 函数所需要的头文件，则在命令行中输入 man 2 open（因为 open 既是 shell 命令名又是函数名，查看函数的帮助信息，需要加选项 "2"），查询结果如图 4-7 所示。

```
SYNOPSIS
       #include <sys/types.h>
       #include <sys/stat.h>
       #include <fcntl.h>

       int open(const char *pathname, int flags);
       int open(const char *pathname, int flags, mode_t mode);

       int creat(const char *pathname, mode_t mode);
```

图 4-7　open 函数的帮助信息截图

从图 4-7 中可以看出，要在程序中使用 open 函数，必须包含 <sys/types.h> <sys/stat.h> 和 <fcntl.h> 这三个头文件（在第 7 章将具体讲解 open 函数的使用方法）。这些头文件属于 UNIX 标准中通用的头文件。

4.2.1 头文件的编辑和使用

除了 C 标准库头文件和 UNIX 标准中通用的头文件外，用户还可根据项目需求定义用户头文件。

例 4-3　头文件的编辑和使用。

例 4-2 中，在 m.c 中实现求两个整数最大值的功能，main.c 中调用 m.c 中的函数 max，再输出最大值。现在将其功能更改：m.c 中实现求两个学生成绩的最高成绩的功能，main.c 中调用 m.c 中的函数 max，再输出两个学生中的最高成绩。步骤如下：

（1）使用 vi 编辑器打开例 4-2 保存的 bank.h 文件，定义一个学生结构体类型，成员变量包括学号

id、姓名 name 和成绩 score。代码有两种写法：

①
```
struct student
{
        int   id;
     char name[20];
     float score;
};
//定义了一个结构体类型,类型名为struct student
```
②
```
typedef   struct student
{
        int   id;
     char name[20];
     float score;
}STU;
//为结构体类型定义别名为STU
```

（2）使用头文件，ex4-3.c 和 m.c 的内容如下：

ex4-3.c内容：

```
#include <stdio.h>
#include <string.h>
#include "bank.h"

main()
{
     struct student stu1,stu2, stumax;
     stu1.id=1;
     strcpy(stu1.name, "zhangsan" );
     stu1.score=89.5;
     stu2.id=2;
     strcpy(stu2.name, "lisi" );
     stu2.score=96;
     stumax=max(stu1,stu2);
     printf( "stu1和stu2成绩最高分是%f" ,stumax.score);
}
```

m.c内容：
```
#include"bank.h"//因为该文件中需要用到bank.h中定义的结构体类型struct student,所以将头文件
               //bank.h包含进来
  struct student   max(struct student a,struct student b )
   {
     If(a.score>b.score)
     return a;
     else
    return b;
   }
```

头文件bank.h内容：
```
struct student   max(struct student,struct student );//函数的声明
struct student
       {
```

```
        int  id;
    char name[20];
    float score;
};
```

程序运行结果如图 4-8 所示。

```
tarena@ubuntu:~/26$ ls
tarena@ubuntu:~/26$ vi bank.h
tarena@ubuntu:~/26$ vi m.c
tarena@ubuntu:~/26$ vi main.c
tarena@ubuntu:~/26$ gcc main.c m.c -o ex4-3
tarena@ubuntu:~/26$ ./ex4-3
stu1和stu2成绩最高分是96.000000tarena@ubuntu:~/26$
```

图 4-8　例 4-3 程序运行结果截图

读者可以自行上机验证 bank.h 内容的第二种写法。

4.2.2 进一步理解头文件

包含头文件有两种写法，对于 C 标准库的头文件和 UNIX 标准中通用的头文件用"< >"括起来，而对于自定义的头文件用双引号括起来。究其原因，本节将做出讲解。

（1）用"< >"括起来的头文件，编译器会自动从系统目录中寻找头文件，系统目录通常是指：

```
/usr/lib/gcc/i686-linux-gnu/4.6/include
/usr/local/include
/usr/include/i386-linux-gnu/
/usr/include/
```

C 标准库的头文件和 UNIX 标准中通用的头文件都存放在系统目录中，所以编译器自然能够找到。我们不妨使用 find 命令在系统目录中查找某个标准库头文件 (stdio.h)，操作步骤如图 4-9 所示。

```
tarena@ubuntu:~/26$ find /usr -name "stdio.h"
/usr/lib/syslinux/com32/include/stdio.h
/usr/include/stdio.h
/usr/include/i386-linux-gnu/bits/stdio.h
/usr/include/c++/4.6/tr1/stdio.h
tarena@ubuntu:~/26$
```

图 4-9　查找 stdio.h 所在的目录截图

由图 4-9 得知，C 标准库头文件 stdio.h 确实存在于系统目录下。

（2）用双引号直接引起来的头文件与源文件在一个目录下。这样，编译器会先在该目录（当前工作目录）下搜索，如果找不到再去系统目录下搜索。

特别提示：有时候为了规范地对项目进行管理，通常情况下 C 源文件和头文件不在同一个目录下，处理办法如下。

① 在 C 源文件中写法：#include " 相对路径 /xxx.h"。

②在 C 源文件中写法：#include "xxx.h"；然后再编译时写法：gcc –I 相对路径。

③将 xxx.h 移动到系统目录下。这种方法不推荐使用，读者可自行测试。

4.2.3 头文件重复包含

头文件重复包含可以用一个实例来说明。假设头文件 A.h 中包含头文件 C.h，同时头文件 B.h 中也包含 C.h，而在源文件中同时包含了 A.h 和 B.h，这样编译器编译时就会出现头文件 C.h 重复包含的问题。

例 4–4 头文件重复包含实验。

C.h 内容如下：

```
struct  teacher
{
    int id;
    char name[20];
    int age;
};
```

A.h 内容如下（前文提到过，头文件里还可以包含头文件）：

```
#define PI 3.14
#include <stdio.h>
#include "C.h"
```

B.h 内容如下：

```
#define x 3*4
#include "C.h"
```

main.c 源文件内容如下：

```
#include "A.h"
#include "B.h"
main()
{ printf( "%f" ,PI*x);}
```

编译步骤和结果如图 4-10 所示。

```
tarena@ubuntu:~/26$ gcc main.c
In file included from B.h:2:0,
                 from main.c:2:
C.h:1:8: 错误: ‘struct teacher’重定义
C.h:1:8: 附注: 原先在这里定义
tarena@ubuntu:~/26$
```

图 4-10　头文件重复包含错误信息截图

如果头文件中重复包含一些函数的声明，那么在编译时不会出现错误，但是却大大降低了编译效率。避免头文件重复包含的解决方法就是在头文件中使用条件编译进行控制。格式如下：

```
#ifndef  _MY_H_//_MY_H_
```

此处是任意合法的标识符，通常用大写，并且加上适当的下划线。MY 一般是指头文件的主文件名的大写形式。

```
#define  _MY_H_
```

…….// 要包含的内容,例如函数声明和结构体定义等
#endif

在例 4-4 中, C.h 如果使用条件编译进行控制, 内容如下:

```
#ifndef  _C_H_
#define  _C_H_
struct   teacher
{
        int id;
        char name[20];
        int age;
};
#endif
```

当再次对 main.c 进行编译时, 结果如图 4-11 所示。

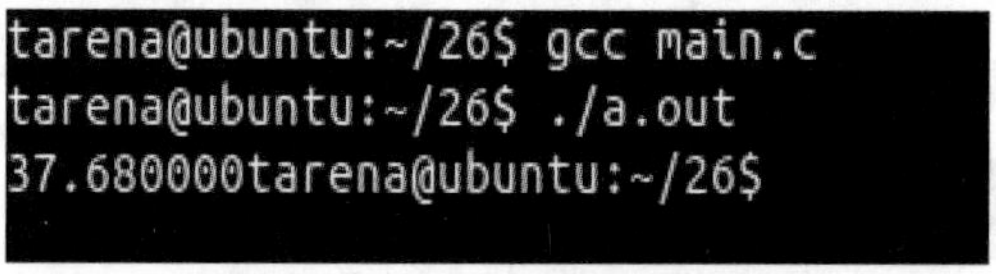

```
tarena@ubuntu:~/26$ gcc main.c
tarena@ubuntu:~/26$ ./a.out
37.680000tarena@ubuntu:~/26$
```

图 4-11　头文件条件编译控制截图

4.3　gdb 调试工具

在编写程序时会出现各种类型的错误, 例如初学者容易出现一些语法错误, 这些错误在编译阶段就无法通过, 所以比较容易发现排除。还有一些错误是在程序运行过程中出现的, 需要更加深入地进行测试、调试和修改。通常情况下, 项目规模越大, 调试的困难就越大, 这就需要一个高效的调试工具。在 Linux 下, 使用最广泛的调试器是 gdb。

4.3.1　gdb 调试基本命令

gdb 支持的调试命令非常丰富, 这些命令可以实现不同的功能。下面详细说明这些基本命令的作用和用法。

1. 文件清单
命令: list/l
作用: 列出产生执行文件的源代码的一部分。
举例:
(1) 列出 10 到 20 行之间的源代码。
list 10 20
(2) 输出函数 max 前后的 5 行程序源代码。
list max

2. 执行程序

命令：run/r

作用：运行准备调试的程序。

3. 数据显示

命令：print / p

作用：print 是 gdb 中功能很强的一个命令，利用它可以显示被调试的语言中任何有效的表达式。表达式除了包含程序中的变量外，还包含函数的调用。

举例：

（1）print p

（2）(gdb) print find_entry(1, 0)

4. 设置与清除断点

命令：break / b

作用：使程序恰好在执行给定行之前停止；使程序恰好在进入指定的函数之前停止。

举例：

（1）break line-number

（2）break function-name

以下是 gdb 调试的主要步骤及各个命令的使用：

```
gcc -g  main.c      //在目标文件加入源代码的信息
gdb a.out
(gdb) start                    //开始调试
(gdb) n                        //一条一条执行
(gdb) step/s                   //执行一行源程序代码,如果此行代码中有函数调用,则进入该函数
(gdb) backtrace/bt             //查看函数调用栈帧
(gdb) info/i locals            //查看当前栈帧局部变量
(gdb) frame/f                  //选择栈帧,再查看局部变量
(gdb) print/p                  //打印变量的值
(gdb) finish                   //运行到当前函数返回
(gdb) set var sum=0            //修改变量值
(gdb) list/l 行号或函数名        //列出源码
(gdb) display/undisplay sum    //每次停下显示变量的值/取消跟踪
(gdb) break/b   行号或函数名      //设置断点
(gdb) continue/c               //连续运行
(gdb) info/i breakpoints       //查看已经设置的断点
(gdb) delete breakpoints 2     //删除某个断点
(gdb) disable/enable breakpoints 3  //禁用/启用某个断点
(gdb) break 9 if sum != 0      //满足条件才激活断点
(gdb) run/r                    //重新从程序开头连续执行
(gdb) watch input[4]           //设置观察点
(gdb) info/i watchpoints       //查看设置的观察点
(gdb) x/7b input               //打印存储器内容,其中,b表示每个字节组,7表示打印7组
(gdb) disassemble              //反汇编当前函数或指定函数
(gdb) si                       //si命令类似s命令,所不同的是,si所针对的是汇编
                               //指令,而s针对的是源代码
(gdb) info registers           //显示所有寄存器的当前值
(gdb) x/20 $esp                //查看内存中开始的20个数
```

读者可根据实际情况应用不同的命令对程序进行调试。若想了解 gdb 更详细的使用，可以参考相应的帮助文档。

4.3.2 gdb 初体验

下面以一个实例介绍 gdb 调试程序的具体步骤。

例 4-5　本程序的功能是通过调用函数输出 1 ~ 10 的和 (文件名命名为 "gdbtest.c")。源代码如下：

```c
#include <stdio.h>
int add(int start,int end)
{
   int i,sum;
   for(i=start;i<=end;i++)
      sum+=i;
   return sum;
}
int main()
{
  int result;
  result=add(1,10);
  printf("result=%d\n",result);
  return 0;
}
```

编译命令：gcc –o gdbtest gdbtest.c

编译成功后，执行 gdbtest：./gdbtest

程序显示结果如下：result=77

程序能够顺利地进行编译链接生成可执行文件，这只能说明程序没有出现编译错误（即没有语法错误），但很明显的是程序的输出结果是错误的，正确的结果应该是 1 ~ 10 的和为 55（本例只是为了展示 gdb 的使用步骤），下面就利用 gdb 对程序进行调试从而找到问题。

为了能够使用 gdb 进行调试，在由 gdbtest.c 编译链接生成可执行文件 gdbtest 的命令行中必须加上选项 -g，这样就可以使程序在编译时包含调试信息，这些信息中包含变量的类型以及源代码信息等。

第 1 步：编译 gdbtest.c。命令如下：

gcc –o gdbtest gdbtest.c -g

第 2 步：使用 gdb 命令将 gdbtest 载入。命令如下：

gdb gdbtest

第 3 步：进入 gdb 命令行环境后，输入 gdb 命令 "run" 再次运行 gdbtest，结果如图 4-12 所示。

```
(gdb) run
Starting program: /home/tarena/26/26-1/gdbtest
result=77
[Inferior 1 (process 4368) exited normally]
(gdb)
```

图 4-12　gdb 中程序运行结果截图

不难发现，运行结果仍然是错误的。图 4-12 中 (gdb) 就是 gdb 提供的类似 shell 的命令行提示符，可以在这里输入 gdb 的调试命令。

第 4 步：单步执行和跟踪函数。输入 start 命令开始 gdb 调试，这时看到程序停留在了主函数 result=add(1,10); 如图 4-13 所示。

```
(gdb) start
Temporary breakpoint 1 at 0x8048412: file gdbtest.c, line 12.
Starting program: /home/tarena/26/26-1/gdbtest

Temporary breakpoint 1, main () at gdbtest.c:12
12          result=add(1,10);
(gdb)
```

图 4-13　start 命令运行后的结果截图

再次输入 step 命令（简写 s），追踪到被调函数 add(1,10) 进行查看。结果如图 4-14 所示。

```
(gdb) s
add (start=1, end=10) at gdbtest.c:5
5           for(i=start;i<=end;i++)
(gdb) bt
#0  add (start=1, end=10) at gdbtest.c:5
#1  0x08048426 in main () at gdbtest.c:12
(gdb)
```

图 4-14　step、backtrace 命令执行后的结果截图

从图 4-14 可以看出函数 add 被主函数调用，主函数传进来的参数值 start=1,end=10。add 函数的栈帧编号为 0，主函数的栈帧编号为 1。接下来利用 info（简写为 i）命令查看 add 函数中局部变量的值，如果想要查看主函数中局部变量的值，可以使用 frame 1 命令选择 1 号栈帧，再使用 info 命令来查看局部变量的值。结果如图 4-15 所示。

```
(gdb) i locals
i = -1208196124
sum = 22
(gdb) frame 1
#1  0x08048426 in main () at gdbtest.c:12
12          result=add(1,10);
(gdb) i locals
result = -1208197132
```

图 4-15　查看函数局部变量的值截图

可以发现，当前 add 函数中的变量 i 和 sum 的值都是系统的随机值，sum=22，这也就不难解释为什么程序的运行结果为 77 了（sum=22+55）。所以找到了问题所在，错误是由于 sum 未进行初始化造成的。而 i 尽管没有初始化，但在 for 循环中 i 的起始值是从 1 开始的，所以 i 是否初始化对程序的执行结果并不会产生影响。

发现了问题后就需要进行修改。有两种方式：

第一种，可以采取在 gdb 命令行下对函数中的变量进行赋值，运行调试程序后进行验证，正确无误

后再退出 gdb 修改源代码。结果如图 4-16 所示。

```
(gdb) i locals
i = -1208196124
sum = 22
(gdb) set var sum=0
(gdb) p sum
$1 = 0
(gdb) finish
Run till exit from #0  add (start=1, end=10) at gdbtest.c:5
0x08048426 in main () at gdbtest.c:12
12          result=add(1,10);
Value returned is $2 = 55
(gdb)
```

图 4-16   在 gdb 命令行中修改函数变量截图

第二种，可以利用 finishi 命令让程序一直运行到从当前函数返回，或者使用 continue（简写为 c）命令运行到程序结束后修改源代码。

4.3.3 gdb 的断点调试

所谓断点指在程序的某一行设置一个断点，程序就会在指定位置中断，这个是用得最多的一种调试方法。设置断点的命令是 break，通常有以下方式。

● break <function>：在进入指定函数时停住。

● break <linenum>：在指定行号停住。

● break +/-offset：在当前行号的前面或后面的 offset 行停住。offiset 为自然数。

● break filename:linenum：在源文件 filename 的 linenum 行处停住。

● break ... if <condition> ... ：可以是上述的参数，condition 表示条件，在条件成立时停住。例如，在循环体中，可以设置 break if i=100，表示当 i 为 100 时程序停止。

可以通过 info breakpoints [n] 命令查看当前断点信息。此外，还有以下几个配套的常用命令。

● delete：删除所有断点。

● delete breakpoint [n]：删除某个断点。

● disable breakpoint [n]：禁用某个断点。

● enable breakpoint [n]：使能某个断点。

例 4-6   断点调试实例。代码如下：

```c
#include <stdio.h>
main()
  {
  int sum=0,i,data;
  while(1)
    {
      printf( "请输入一个小于100的整数\n");
       scanf( "%d",&data);
       for(i=1;i<=data;i++)
```

```
        sum+=i;
        printf( "1到%d的和为%d\n",data,sum);
    }
}
```

将上述代码以"gdbbreakpoint.c"为文件名保存到当前目录下。

程序运行结果如图 4-17 所示。

```
tarena@ubuntu:~/26$ gcc gdbbreakpoint.c -o gdbbreakpoint
tarena@ubuntu:~/26$ ./gdbbreakpoint
请输入一个小于100的整数
2
1到2的和为3
请输入一个小于100的整数
3
1到3的和为9
请输入一个小于100的整数
4
1到4的和为19
```

图 4-17　例 4-6 程序运行结果截图

程序功能就是求 1 到 n（n 为用户输入的小于 100 的正整数）的和并输出。从图 4-17 中可以看出，计算运行时第一次运行结果是正确的，第二次输入 3 结果应该是 6，程序运行结果是 9，第三次、第四次……也都是错误的。接下来需要对 gdb 进行调试并修改。

因为程序中涉及循环，如果按照 4.3.1 节的方法进行单独跟踪的话效率显然比较低（读者可以自行练习），此时可以利用断点进行调试。步骤如下：

第 1 步：编译源程序。

命令：gcc –o gdbbreakpoint gdbbreakpoint.c -g

第 2 步：将可执行程序载入 gdb，进入 gdb 界面。

命令：gdb gdbbreakpoint

因为程序的关键代码就是 for 循环实现累加的语句，所以在这里设置行断点，设置前必须知道 for 语句所在的行号（可用 gdb 命令 list 来查看）。运行结果如图 4-18 所示。

```
(gdb) list
1        #include<stdio.h>
2        main()
3        {
4          int sum=0,i,data;
5          while(1)
6          {
7              printf("请输入一个小于100的整数\n");
8              scanf("%d",&data);
9              for(i=1;i<=data;i++)
10                 sum+=i;
```

图 4-18　list 命令列出源文件截图

for 语句位于第 9 行，所以设置断点的命令为：break 9。运行结果如图 4-19 所示。

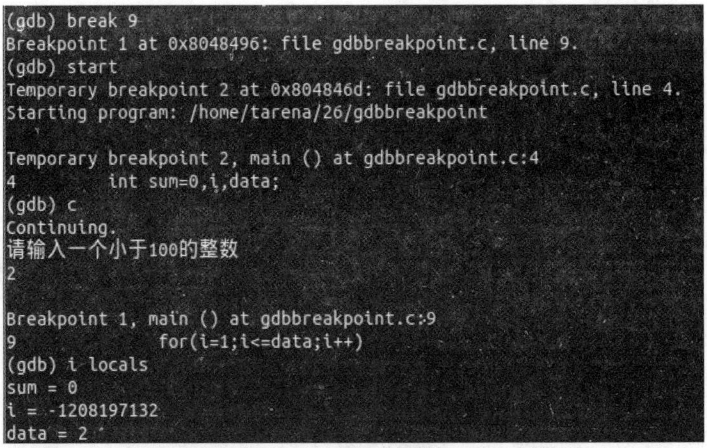

图 4-19　利用断点调试程序截图

可以发现，第一次输入 2 时，data=2，sum=0，i 为随机数（对结果不产生影响）。
继续运行，第二次输入 3 时，这三个变量的值如图 4-20 所示。

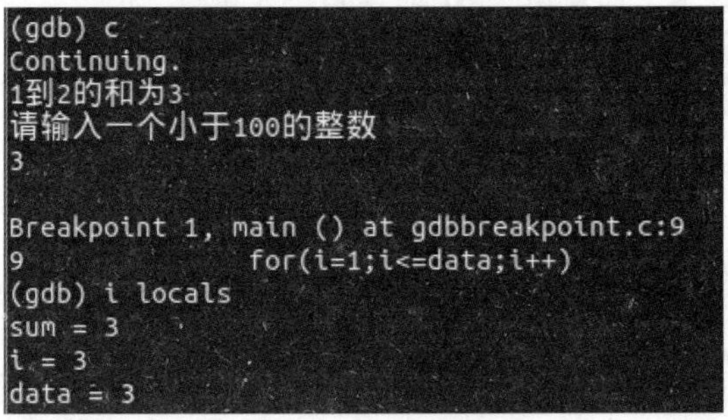

图 4-20　局部变量值的变化

从图 4-20 可以看出，当第二次输入 3 时，sum 的值并没有清 0，还是上次累加的结果，所以应当在每次循环之前对 sum 进行清 0 操作。

修改后的程序代码如下：

```c
#include <stdio.h>
main()
  {
  int sum=0,i,data;
   while(1)
    {  sum=0;
      printf("请输入一个小于100的整数\n");
       scanf("%d",&data);
       for(i=1;i<=data;i++)
       sum+=i;
       printf("1到%d的和为%d\n",data,sum);
    }
  }
```

程序的正确执行结果如图 4-21 所示。

```
tarena@ubuntu:~/26$ ./gdbbreakpoint
请输入一个小于100的整数
2
1到2的和为3
请输入一个小于100的整数
3
1到3的和为6
请输入一个小于100的整数
4
1到4的和为10
```

图 4-21　程序正确的运行结果

4.4 IDE 工具 CodeBlocks

IDE 是将程序的编辑、编译、调试功能集成在一个桌面环境中的集成开发环境，这样就大大方便了用户对项目的管理。IDE 工具有很多，其中，CodeBlocks 是一个开放源码的全功能跨平台 C/C++ 语言集成开发环境。其功能包括：

- 支持多个编译器，包括 GCC、Clang、Visual C ++、MinGW 等。
- 自定义构建系统和可选的支持。
- 语法高亮和代码折叠。
- C ++ 代码完成，类浏览器，十六进制编辑器。
- 具有完全断点支持的调试器。
- 一种支持其他编程语言的插件系统。

4.4.1 CodeBlocks 的安装

在 Ubuntu 系统下，输入下面的命令即可自动安装 CodeBlocks 软件包：

```
sudo apt-get install codeblocks
```

结果如图 4-22 所示。

```
tarena@ubuntu:~/26$ sudo apt-get install codeblocks
[sudo] password for tarena:
正在读取软件包列表... 完成
正在分析软件包的依赖关系树
正在读取状态信息... 完成
将会安装下列额外的软件包：
  codeblocks-common libcodeblocks0 libwxbase2.8-0 libwxgtk2.8-0
建议安装的软件包：
  libwxgtk2.8-dev wx-common codeblocks-contrib libgnomeprintui2.2-0
下列【新】软件包将被安装：
  codeblocks codeblocks-common libcodeblocks0 libwxbase2.8-0 libwxgt
升级了 0 个软件包，新安装了 5 个软件包，要卸载 0 个软件包，有 778 个
级。
```

图 4-22　在 Ubuntu 下安装 CodeBlocks

接着会提示是否继续，选择"Y"即可。

20 分钟后，Codeblocks 安装完成。

若读者使用的是 Red Hat 发行版的操作系统，安装方法就是先从 Codeblocks 官方网站 http://www.codeblocks.org/ 下载 rpm 类型的软件包后再进行安装（软件包的安装详见第 2 章）。

4.4.2 CodeBlocks 的使用

在终端输入命令 codeblocks 即可启动 CodeBlocks，如图 4-23 所示。

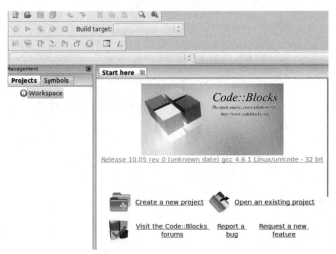

图 4-23　Codeblocks 的启动主界面

以例 4-1 为例，介绍 CodeBlocks 的使用方法。

（1）选择功能区中的 Create a new project，会弹出 New from template 对话框，如图 4-24 所示。

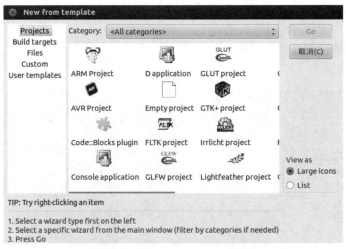

图 4-24　New from template 对话框

（2）选择 Empty project 选项，单击 Go 按钮，弹出"新建 Empty project 向导"对话框，单击 Next 按钮，弹出 Empty project 对话框，如图 4-25 所示。

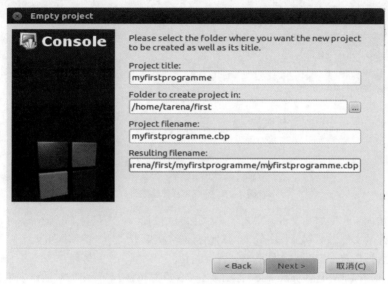

图 4-25　Empty Project 对话框

（3）按照图 4-25 将工程名及路径设定好后，单击 Next 按钮，弹出如图 4-26 所示的对话框。

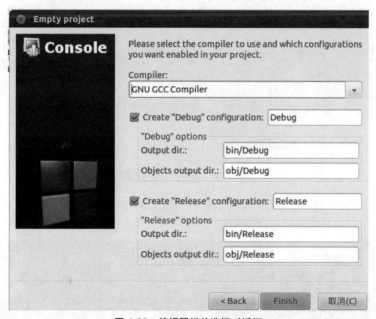

图 4-26　编辑器相关选择对话框

（4）从图 4-26 看到，默认编辑器是 GNU GCC Compiler，其他的按默认值即可，单击 Finish 按钮，完成工程的创建，如图 4-27 所示。

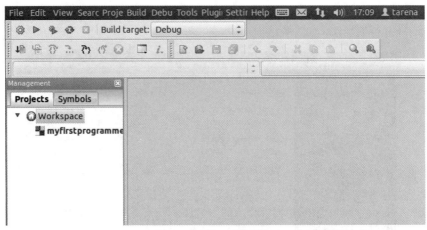

图 4-27　完成工程创建截图

（5）下面开始向工程中添加文件。单击工具栏中的 按钮，或者选择 File | New | Empty file 菜单项，会弹出是否将新建的文件添加到工程中的询问对话框，直接单击"是"按钮即可。

（6）接下来会弹出"指定新建文件名字及保存路径"对话框，设定好新建文件名（main.c）以及保存路径（/home/tarena/first/myfirstprogramme）后，单击"保存"按钮，在弹出的对话框中单击"确定"按钮，即可完成新建文件的操作。

在新建的 main.c 中输入例 4-1 的代码，单击工具栏中的"保存"按钮对文件进行保存，如图 4-28 所示。

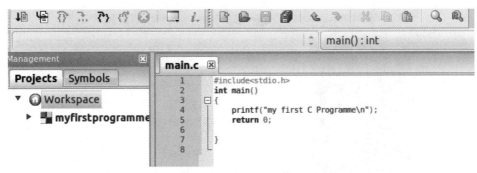

图 4-28　编辑 main.c 截图

（7）单击工具栏中的 按钮或菜单项中 Build | Build 选项完成对工程的编译、链接，然后单击 按钮即可运行程序，运行结果如图 4-29 所示。

图 4-29　程序运行结果截图

4.5 小结

本章主要介绍了 Linux 下 C 编程的基础知识，内容包括 gcc 编译器对单个文件及多个源文件编译的方法，gdb 调试工具的基本使用方法，头文件的编写和使用以及开放源码的跨平台 C/C++ 语言集成开发环境 CodeBlocks 的使用。通过本章学习，对 Linux 下的 C 开发步骤以及编译过程有了一个详细的了解，为以后的学习打下坚实的基础。

◇ 习 题 ◇

一、填空题

1. Linux 编程可分为_____和_____编程。

2. 用 gcc 编译 C 语言程序生成可执行文件的 4 个步骤是_____、_____、_____和_____。

3. _____是一个用来调试 C/C++ 语言程序的功能强大的调试器，它能在程序运行时查看到函数中局部变量的值。

4. 要想避免头文件重复包含所带来的编译效率低或出错的问题，通常采用的方法是对头文件进行条件编译，正确的写法是_____。

5. 要想使用 gdb 进行调试，在对源文件进行编译时要加上选项_____。

6. _____是一个开放源码的全功能的跨平台 C/C++ 语言集成开发环境，在 Ubuntu 系统下，输入命令_____就会自动安装。

7. gdb 中，_____命令可以实现在 gdb 环境下执行当前被调试程序，_____命令可以动态监视一个变量的值；_____命令可以列出产生执行文件的源代码的一部分内容。

8. 头文件的内容包括_____、_____、_____和_____。

9. gcc 在预处理阶段完成的主要工作是_____，在这一步生成的文件的后缀是_____。

10. 有一名为 first.c 的源程序，当在终端输入命令 gcc first.c 时，生成的可执行文件名为_____；若要指定可执行文件名为 first，则应当在终端输入的命令是_____。

二、上机题

1. 按照书中实例练习 gdb 调试的基本过程，同学们相互给出错误程序，经过调试找出问题所在。

2. 在 Ubuntu 中尝试安装 CodeBlocks，并使用。

3. 编写一个程序，功能是：输入 10 个学生信息，然后按照成绩从低到高的顺序输出。

4. 改写上题程序，先输入学生人数，再输入学生信息，最后按照成绩从低到高的顺序输出。

## 第 5 章

静态库和动态库

　　Linux 平台下存在着大量的库。库从其本质上来说是一种可执行代码的二进制形式，可以被操作系统载入内存执行。我们开发的每个程序其实都要依赖很多基础的底层库，不可能每个人的代码都要从零开始，因此库的存在意义非同寻常。在实际项目开发中，我们往往将复用频率较高的功能代码生成库文件，所以说从项目开发应用的角度看，库是现有的、成熟的，可以复用的代码。本章从库的概念、库的应用意义、库的分类及两种类型的库文件的建立和使用等几个方面向读者一一讲解，力求使读者能够在项目开发中合理创建和使用库文件，提高项目开发的效率。

5.1 库的概述

上一章介绍了 C 语言源程序生成可执行文件的过程。一个或多个源程序需要经过预处理、编译、汇编生成二进制 (.o) 文件，多个二进制文件进行链接进而生成可执行文件才能被计算机执行。然而以前许多程序中用到了数学函数，如 sqrt、abs 等，却没有这些函数功能实现的源代码，那我们为什么能轻而易举地实现其功能呢？实际上这些数学函数的二进制文件已经生成在库里，最后一步链接的过程就涉及对数学库中函数的链接。

所以链接阶段除了第 4 章讲到的将汇编阶段生成的多个目标文件 (.o 文件) 链接成一个可执行文件，还包括本章所要讲到的目标文件与库文件进行链接生成可执行文件，如图 5-1 所示，从链接阶段可以看出，库文件与生成的二进制文件进行链接生成可执行文件，所以库文件必定跟 .o 文件格式相似，因此库本质上是一种可执行代码的二进制形式，可以被操作系统载入内存执行。

其实，在 Linux 下，.o 目标文件、可执行文件以及库文件都属于一种叫 ELF 的文件格式，这里不再赘述，对其感兴趣的读者可参考《程序员的自我修养——链接、装载与库》。

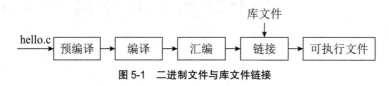

图 5-1　二进制文件与库文件链接

5.1.1 为什么使用库

使用库的这种理念在现实生活中比比皆是，例如在饭店点餐，一般情况下客人都需要点主食米饭，如果饭店对每个客人的米饭都要现做（把米看成是源文件，将米饭看成二进制文件的话，就需要预编译—编译—汇编三个步骤），那么就是重复造轮子的问题。实际上饭店会一次性做出大量米饭（相当于二进制文件存储在库里）。

在实际的软件开发中，常常会使用到第三方库现成的功能，例如前面提到的 C 标准库函数，那么就需要在编译时将第三方库链接进来，从而让程序得以正常运行。所以在项目开发过程中，会经常遇到一些功能代码使用频率非常高，甚至多个项目都会重复性地用到该功能代码，这时就应该把这部分代码从项目中分离出来，将其编译为库文件，以供需要的程序调用，避免重复造轮子。

由此可见，使用库文件的优点就是能够大大提高开发效率。

5.1.2 库的特点

库是在链接阶段和相应的 .o 目标文件形成可执行文件，根据链接方式的不同，可将库分为静态库和动态库。

当使用静态库时，连接器会找出程序所需的函数，然后将它们复制到执行文件，由于这种复制是完整的，所以一旦链接成功，静态库在不存在的情况下可执行文件能够正常执行。然而，动态库与静态库截然不同，动态库会在执行程序内留下一个标记指明当程序执行时必须载入的库文件，所以当执行文件执行时才动态加载库文件，而使用动态库必然会节省空间。

　　Linux 下进行链接的缺省操作是首先链接动态库，也就是说，如果同时存在相同库名的静态库和动态库，不特别指定的话，默认将与动态库相连接。

5.2　静态库

　　静态库是在编译过程中被加载的，所调用的库函数代码段会成为程序组成部分链接到可执行文件中，并在执行时随可执行程序一起运行。

5.2.1　静态库的创建

　　下面就以 sort.c bank.h 为例，介绍静态库的创建步骤。

　　第 1 步：编辑 sort.c 和 bank.h 文件。

　　头文件 bank.h 内容：

```
struct student
{
    int id;
    char name[10];
    float score;
};
```

程序 sort.c 提供了函数 sortaz，完成按成绩排序的功能，代码如下：

```
#include"bank.h" //sort.c和bank.h位于同一目录中
void sortaz(struct student stu[],int n)
{ int i,j;
struct student t;
for(i=0;i<n-1;i++)
for(j=0;j<n-1-i;j++)
if(stu[j].score>stu[j+1].score)
            { t=stu[j];
stu[j]=stu[j+1];
stu[j+1]=t;
}
    }
```

　　第 2 步：将 sort.c 文件生成 sort.o 文件。

　　操作：gcc sort.c -c 或 gcc –c sort.c

　　第 3 步：创建静态库并将目标文件加入到库中。

　　操作：ar –r 目标库文件名称 目标文件列表

　　本例操作：ar -r libmath.a　　sort.o

　　其中，ar 是创建或操作静态库的命令，选项 -r 表示将目标文件加入到静态库中，目标库文件名有个不成文规定，一般以 lib 开头，以 .a 结尾，目标文件列表中的目标文件之间用空格隔开。 例如：ar -r libstring.afile1.o file2.o file3.o。

ar 命令选项及说明：

[r] 将目标文件加入到静态库中。

[t] 显示静态库中的文件。

[a] 将目标文件追加到静态库文件现有文件之后。

[b] 将目标文件追加到静态库文件现有文件之前。

[d] 从指定的静态库中删除目标文件。

[x] 从指定的静态库中提取目标文件。

[p] 把静态库文件中指定的文件输出到标准输出。

[q] 快速地把文件追加到静态库中。

5.2.2 静态库的使用

使用静态库可以通过两种方法，第一种方法称为参数法，第二种方法称为直接法。通常情况下推荐参数法。

方法 1：参数法

格式：gcc 主程序 -l 静态库名（去掉 lib 和 .a）-L 静态库存放位置

方法 2：直接法

格式：gcc 主程序 静态库全名

下面通过例子介绍静态库的使用方法。

例 5-1 输入 5 个学生的基本信息（学号、姓名、成绩），按成绩从低到高进行排序。

由 5.2.1 节可知，排序函数 sortaz 在 sort.c 中定义，并已经生成了目标文件加入到静态库 libmath.a 中。本例中需要编写源程序 main.c，调用 sortaz 函数，程序代码如下：

```
#include <stdio.h>
#include "bank.h" //main.c和bank.h在同一目录中
main()
{
  struct student  stu1[5];
int i;
for(i=0;i<5;i++)
{
    printf( "请输入第%d个学生学号" ,i+1);
scanf( "%d" ,&stu1[i].id);
    printf(" 请输入第%d个学生姓名" ,i+1);
scanf( "%s" ,stu1[i].name);
    printf( "请输入第%d个 学生成绩" ,i+1);
scanf( "%f" ,&stu1[i].score);
    }
sortaz(stu1,5);//此处调用函数sortaz完成对5个学生按成绩从低到高的排序
for(i=0;i<5;i++)
    printf( "姓名:%s,成绩%f\n" ,stu1[i].name,stu1[i].score);
}
```

接下来，对 main.c 进行编译时，也应当同时将 libmath.a 静态库中相关代码链接到目标文件中。

参数法的使用如下：

gcc main.c -l math -L .// 静态库全名 libmath.a，使用时将前缀 lib 和后缀 .a 去掉后即为 math, 静态库存放在当前目录下，所以用 . 表示。这样生成了一个名为 a.out 的可执行文件，若在编译时指定可执行文件名为 main.out，则命令为 gcc main.c -o main -l math -L.

其中，-l math 可以连写在一起 "–lmath"。

直接法的使用如下：

gcc main.c libmath.a 或者 gcc main.c –o main libmath.a

在终端运行可执行文件 main，./main, 依次输入 5 个学生的学号、姓名、成绩后，就可以看到按照成绩从低到高的顺序依次在屏幕上输出学生的姓名和成绩。执行结果如图 5-2 所示。

请读者亲自动手试一试，若班里有重名的，是否应该输出相应的学号；如果要求成绩保留 0 位小数，应该怎么处理。

图 5-2　静态库的使用

5.3　动态库

动态库又称共享库，编译时链接动态库，但不加载目标代码，只有在运行时才加载相关的目标代码（所调用的库函数）到内存，进程结束时自动释放其所占内存空间。

5.3.1 动态库的创建

仍以 sort.c bank.h 为例，介绍动态库的创建步骤。

第 1 步：编辑 sort.c bank.h 文件。

第 2 步：生成 sort.o 文件。

操作：gcc -c -fpic sort.c

其中，选项 -fpic 的作用是将源文件编译成带有 PIC 标志的目标文件，对于有些版本，C 语言编译器可以缺省 PIC 标志。

第 3 步：gcc -shared xxxxx.o yyyy.o -o libxxx.so。

也可以直接将第 2 步骤和 3 步骤进行合并：gcc -shared -fpic xxx.c yyy.c -o libxxx.so。

5.3.2 动态库的使用

同静态库的使用方法相同，动态库的使用也有两种方法，一种是参数法，另一种是直接法，仍然推荐使用参数法。

方法 1：参数法

格式：gcc 主程序 -l 动态库名（去掉 lib 和 .so）-L 动态库存放位置

方法 2：直接法

格式：gcc 主程序 动态库全名

将 sort.c 生成动态库 libmath.so 文件后，再通过参数法与动态库文件进行链接生成可执行文件，运行结果如图 5-3 所示。

```
tarena@ubuntu:~$ gcc -c -fpic sort.c
tarena@ubuntu:~$ gcc -shared sort.o -o libmath.so
tarena@ubuntu:~$ gcc main.c -lmath -L ./
tarena@ubuntu:~$ ./a.out
./a.out: error while loading shared libraries: libmath.so: cannot open shared obj
ect file: No such file or directory
```

图 5-3 动态库的生成和使用

从图 5-3 中可以看出，当执行可执行文件 a.out 时，出现 Linux 动态加载器找不到 libmath.so 文件的错误提示信息，我们知道动态库是在程序运行阶段进行链接，一般情况下加载器会自动在 /lib 目录下搜寻动态库进行链接，所以一定要将生成的动态库文件移动到 /lib 目录下。具体操作步骤如图 5-4 所示。

```
tarena@ubuntu:~$ sudo mv libmath.so /lib
[sudo] password for tarena:
tarena@ubuntu:~$ ./a.out
请输入第1个学生学号1
请输入第1个学生姓名
```

图 5-4 动态库的使用截图

5.4 静态库和动态库的区别

静态库在程序编译时会被链接到目标代码中，程序运行时将不再需要该静态库。编译之后程序文件比较大，但隔离性好。

动态库在程序编译时并不会被链接到目标代码中，而是在程序运行时才被载入，因此在程序运行时还需要动态库存在。编译后的程序文件相对较小，多个应用程序可以使用同一个动态库，启动多个应用程序时，只需要将动态库加载到内存一次即可。

5.4.1 实例测试

在 5.2.2 节和 5.3.2 节中我们发现，在生成可执行文件时无论使用静态库还是动态库，gcc 命令格式是相同的。例如，静态库文件命名为"libmath.a"，动态库文件命名为"libmath.so"，那么在利用参数法使用静态库或动态库时的格式是：gcc main.c –lmath –L ./。

这里生成了可执行文件 a.out，但似乎并不能区别出是动态库还是静态库。为此本节就用实例测试来验证究竟哪个可执行文件使用了静态库，哪个使用了动态库。在 5.3.2 节已经将动态库文件 libmath.so 移动到了 /lib 下，为进行测试，将 5.2.1 节中生成的静态库文件 libmath.a 也移动到 /lib 下，接下来的步骤如图 5-5 所示。

```
tarena@ubuntu:~$ gcc main.c -lmath -L /lib -o  a.out
tarena@ubuntu:~$ gcc main.c -static -lmath -L /lib -o a1.out
tarena@ubuntu:~$ ls -l a.out a1.out
-rwxrwxr-x 1 tarena tarena 742909   8月 23 13:05 a1.out
-rwxrwxr-x 1 tarena tarena   7233   8月 23 13:05 a.out
```

图 5-5　静态库与动态库重名时测试效果图

对上述结果进行分析会发现，当静态库和动态库处于同一目录 /lib 中，在使用库文件时，默认链接的是动态库文件，生成的可执行文件名为 a.out；如果指定需要链接静态库，那么需要在编译时加上选项 static，这时生成的可执行文件名为 a1.out。前面提到过，使用静态库生成的可执行文件要比使用动态库生成的可执行文件大很多，图 5-5 中使用 ls 查看了 a.out 和 a1.out 的大小。

5.4.2 验证环节

本节需要验证的内容是静态库更新和动态库更新后是否需要重新生成可执行文件，并思考原因。下面编写 5-4-2.c 和 m.c 两个源文件。

5-4-2.c 文件代码如下：

```c
#include <stdio.h>
main()
{
  int a,b,c;
  a=5;b=15;
  c=max(a,b);
  printf("a与b的最大值是%d",c);
}
```

m.c 文件代码如下：

```
int max(int a,int b)
{return a>b?a:b;}
```

1. 静态库验证

静态库生成可执行文件 jing.out 的过程如图 5-6 所示。

```
tarena@ubuntu:~$ gcc m.c -c
tarena@ubuntu:~$ ar -r libA m.o
ar: creating libA
tarena@ubuntu:~$ gcc 5-4-2.c  -lA -L ./ -o jing.out
tarena@ubuntu:~$ ./jing.out
a与b的最大值是15tarena@ubuntu:~$
```

图 5-6　使用静态库生成可执行文件

接下来改变静态库文件内容，即将 m.c 文件内容更改为如下内容：

```
#include <stdio.h>
int max(int a,int b)
{
printf( "在屏幕上输出这句话!" );
return a>b?a:b;
}
```

当再次将 m.c 生成库文件，步骤参见图 5-6。如果希望调用 max 函数，那么 jing.out 是否需要重新编译，验证过程如图 5-7 所示。我们发现，当静态库文件进行更新后，如果不重新生成可执行文件，结果和图 5-6 相同，并没有自动更新。当重新进行编译生成可执行文件 jing1.out 时再运行，结果是更新的。

```
tarena@ubuntu:~$ vi m.c
tarena@ubuntu:~$ gcc m.c -c
tarena@ubuntu:~$ rm libA.a
tarena@ubuntu:~$ ar -r libA.a m.o
ar: creating libA.a
tarena@ubuntu:~$ ./jing.out
a与b的最大值是15tarena@ubuntu:~$
tarena@ubuntu:~$ gcc 5-4-2.c  -lA -L ./ -o jing1.out
tarena@ubuntu:~$ ./jing1.out
在屏幕上输出这句话！a与b的最大值是15tarena@ubuntu:~$
```

图 5-7　静态库验证过程

因此可得出结论，对于静态库来讲，更新后必须重新编译生成可执行文件。

2. 动态库验证

仍以 5-4-2.c 和 m.c 为例来验证动态库更新后是否需要重新生成可执行文件。操作过程如图 5-8 所示。

图 5-8　动态库验证过程

因此可得出结论，对于动态库来讲，更新后不需要重新编译生成可执行文件。

5.5　综合举例

例题：编写 aver.c，完成计算 n 个学生的平均成绩的功能；编写 main.c，输入 m 个学生的成绩，输出这 m 个学生的平均成绩。

分析：

aver.c 中有计算学生平均成绩的函数实现代码。

main.c 中通过调用函数计算平均成绩并输出。

头文件 bank.h 内容：

```
#ifndef _BANK_H
#define _BANK_H
typedef struct student
{
        int id;
        float score;}STU;

    float aver(STU *,int);
    #endif
```

aver.c 文件的内容如下：

```
#include <stdio.h>
#include "bank.h"
float aver(STU *s,int n)
 {
    float sum=0, average=0;
    int i;
    for(i=0;i<n;i++)
    sum=sum+s[i].score;
    average=sum/n;
    return average;
 }
```

main.c 的内容如下：

```
#include <stdio.h>
#include "bank.h"
#include <stdlib.h>
main()
 {
   int i,m;
   STU    *p;
   float a;
  printf("请输入m的值\n");
  scanf("%d",&m);
  p=(STU *)malloc(sizeof(STU)*m);
  for(i=0;i<m;i++)
   {
   printf("请输入第%d个学生的成绩",i+1);
  scanf("%f",&(p[i].score));}
  a=aver(p,m);
  printf("平均值为%.1f",a); }
```

运行结果如图 5-9 所示。

图 5-9　程序运行结果

5.6　小结

本章主要介绍了库的作用和类型，重点介绍了静态库和动态库的创建和使用方法。通过大量的实例讲解静态库和动态库的特点及区别。静态库在程序编译时会被链接到目标代码中，程序运行时将不再需要该静态库。动态库在程序编译时不会被链接到目标代码中，而是在程序运行时才被载入，因此在程序运行时还需要动态库存在。

◇◇ 习 题 ◇◇

一、填空题

1. Linux 下库类型有两种，分别是＿＿＿＿＿＿和＿＿＿＿＿＿，＿＿＿＿＿＿又叫作共享库。

2. 假设有 sort.c 实现求两个数的最大值功能，创建共享库的相关命令是（按执行顺序写）
_____。

3. _____ 对函数库的链接是放在编译阶段完成的；_____ 对函数库的链接是在执行阶段完成的。

4. 命令 ar –t 的作用是_____。

5. 若两种类型的库文件重名，默认情况下链接的是_____，若希望使用另一种类型的库文件，则需要加选项_____。

二、简答题

1. 简述静态库和动态库的区别。

2. 动态加载器加载动态库文件时默认在目录 /lib 中寻找，那么默认的搜寻目录可以更改吗？若可以，请查阅相关资料进行更改。

3. 简述静态库和动态库的创建步骤和使用方法。

三、上机题

1. 上机验证，在生成可执行文件后，静态库文件删除后不影响可执行文件的执行；但动态库文件删除后会影响可执行文件的执行，并分析原因。

2. 编辑 add.c 和 mul.c 两个文件，分别实现两数相加与相乘。

（1）创建一个 computer.h 头文件，对上面两个函数声明。

（2）创建一个 main.c 文件调用这两个函数。

（3）将 add.c 和 mul.c 两个文件编译成静态链接库和动态库，将库文件放到 /lib 目录下。

（4）分别使用静态链接库和动态库生成可执行文件并执行。

第 6 章

make
工程管理

通过前几章的学习，读者已经了解了在 Linux 操作系统平台下使用 vi 编辑器编写 C 语言源程序以及使用 gcc 编译器编译多个源文件、对多个二进制目标文件或库文件进行链接生成可执行文件。可以说无论多么复杂的工程，只要按部就班地使用 gcc 编译器就可以完成可执行文件的生成，那么为什么还需要学习 make 工程管理，make 工程管理的优点是什么，使用 make 如何实现对工程的管理操作，这些问题就是本章的重点内容。

6.1 make 概述

所谓工程管理，其实就是管理工程项目中的多个文件。前几章编译的文件个数最多不超过 5 个，即便是有几个文件进行了更改，再对其进行编译即可。但工程若是由成百上千个文件构成的，而只有其中一个或少数几个文件进行了修改，如果此时不知道哪些文件被更改了，就只能使用 gcc 编译工具把所有文件重新编译一遍，这样会大大降低工程文件编译的效率。所以，人们就希望有一个工程管理器能够自动识别更新了的文件代码，只对更新的文件进行编译，因此 make 工程管理器便应运而生了。

实际上，make 工程管理器起到了自动编译的作用，这里的"自动"是指它能够根据文件时间戳自动发现哪个文件更新过，这样便大大减少了编译工作量。

6.1.1 make 命令和 Makefile 文件

make 工程管理器主要是通过一个叫作 Makefile 的文件进行工作的。Makefile 文件类似于一个脚本文件，make 工程管理器根据里面的一些规则实现对工程的管理。其中的规则描述了软件包中各个文件之间的关系，也提供了对每个文件进行更新的命令。在一个软件包里，通常情况下可执行文件由链接目标文件和库文件更新，目标文件由源文件更新。

当存在一个 Makefile 文件时，如果要对某几个源文件进行改变，只需要使用简单的 make 命令就能够自动完成所有必要的重新编译。

6.1.2 Makefile 文件编写

既然 Makefile 文件是 make 工程管理的核心，那么如何编写 Makefile 文件，规则的格式又是什么？本节将详细介绍 Makefile 规则的编写及应用。

1. Makefile 文件的编写

在 Makefile 中，规则的顺序是很重要的，因为，Makefile 中只有一个最终目标，其他目标都是被这个目标所连带出来的，所以一定要让 make 知道你的最终目标是什么。一般来说，定义在 Makefile 中的目标可能会有很多，但是第一条规则中的目标将被确立为最终目标。

下面举例说明 Makefile 文件编写的具体步骤。

（1）使用 vi 编辑器创建一个任意名字的文件（也可命名为 Makefile）。

（2）规则语法：

目标：目标所依赖文件 1 目标所依赖文件 2 ……

TAB 键 产生目标的命令

可见，规则包含两个部分内容，一个是依赖关系，另一个是生成目标的方法即命令。如果上述规则语法中的命令过长，可以使用"\"作为换行符。

每个 Makefile 文件必须严格按照上面的语法进行编写，在文件中要说明如何编译各个源文件并链接生成可执行文件，并要求定义源文件之间的依赖关系。Makefile 的每一组规则说明了一个目标所依赖的文件以及生成或更新目标所需要的命令。

例 6-1 假设项目由源文件 main.c、m. c、bank.h 组成，为其编写 Makefile 规则。

分析：项目的最终目标是可执行文件 a.out，该目标所依赖的文件有 main.o 和 m.o。

main.o 和 m.o 也属于目标文件，main.o 所依赖的文件是 main.c 和 bank.h，m.o 所依赖的文件是 m.c 和 bank.h。

规则内容如下：

```
a. out:main.o m.o
        gcc main.o m.o
main.o:main.c bank.h
        gcc –c main.c
m.o:m.c bank.h
        gcc –c m.c
```

效果如图 6-1 所示。

图 6-1　Makefile 文件规则

Makefile 中注释用符号"#"。

2. 规则的使用

规则的使用实际上是用 make 命令来完成对 Makefile 文件规则的调用，从而完成对项目文件的自动更新。

make 命令格式：make [选项] [参数][目标]

使用形式：

（1）make –f Makefile 文件路径

将对 Makefile 中的第一行目标进行维护。按照例 6-1 规则，就应该将 a.out 作为目标来进行维护。在发现目标依赖于其他文件时，又继续在 Makefile 文件中寻找新的依赖为目标的相关文件，并这样层层搜索。效果如图 6-2 所示。

图 6-2　Makefile 文件规则的调用

从图 6-2 中看到，规则文件命名为"6-1"。第一次使用 make 命令调用规则，所有的规则都被调用了。接着更新 m.c 内容后再次使用 make 命令调用规则，请观察哪些规则被调用了。效果如图 6-3 所示。

图 6-3　部分规则调用结果

从图 6-3 中可以看到，只有两条规则被执行，请读者自行分析原因。

（2）make -f makefile 文件路径　目标

例如：make -f 6-1 main.o 只把 main.o 当成目标，并只考虑它所依赖的文件 main.c 和 bank.h 的更新。实验情况如图 6-4 所示。

```
tarena@ubuntu:~/201808$ vi bank.h
tarena@ubuntu:~/201808$ make -f 6-1 main.o
gcc -c main.c
tarena@ubuntu:~/201808$ vi m.c
tarena@ubuntu:~/201808$ make -f 6-1 main.o
make: "main.o"是最新的。
tarena@ubuntu:~/201808$
```

图 6-4　维护某个目标的规则调用结果

从图 6-4 可以看到，make -f 6-1 main.o 中因为只在乎或维护目标 main.o，所以只有 main.o 所依赖的 main.c 和 bank.h 更新后该目标才会被重新生成，而它未依赖的其他文件是否发生改变与之无关，比如更新 m.c 的内容后，再次执行 make 命令，界面上会提示 "main.o" 是最新的。

（3）make

默认在当前目录下依次寻找名字为 GNUMakefile、Makefile 和 makefile 的规则文件。实验情况如图 6-5 所示。

```
tarena@ubuntu:~/201808$ cp 6-1 Makefile
tarena@ubuntu:~/201808$ make
gcc -c m.c
gcc main.o m.o
tarena@ubuntu:~/201808$
```

图 6-5　无参数无选项 make 命令执行结果

读者可自行将 Makefile 文件名改为 GNUMakefile 或 makefile 再上机进行测试。

（4）make　目标

默认在当前目录下寻找名字为 GNUMakefile、Makefile 和 makefile 的规则文件。

这种情况也是维护某个目标的使用形式，但前提是当前目录下存在文件名为 GNUMakefile、Makefile 和 makefile 的文件。例如 make m.o，读者可自行验证。

6.1.3 Makefile 文件中的变量

在 Makefile 文件中定义的变量，就像是 C/C++ 语言中的宏一样，它代表一个字符串，在 Makefile 规则执行时变量会自动原样地展开。变量可以在 "目标" "依赖目标" "命令" 或文件的其他位置使用。

变量名可以包含字符、数字、下划线，但不能包含 "：" "#" "="、回车、空格等特殊字符。同 C 语言一样，变量区分大小写，传统的 Makefile 变量是全大写的命名方式，建议由大小写组成，避免和系统变量冲突。

变量在声明时需要赋值，定义变量的语法：变量名 = 字符串；在使用变量时，需要在变量名前加 "$" 符号，建议将变量用小括号或大括号括起来，这样就可以引用变量的值。如 $(变量名) 或 ${ 变量名 }。

例 6-2　利用变量将例 6-1 的 Makefile 重写，代码如下：

```
OBJC=main.o m.o
C=-c
        a. out:$(OBJC)
            gcc $(OBJC)
    main.o:main.c bank.h
            gcc $(C) main.c
    m.o:m.c bank.h
            gcc $(C) m.c
```

该文件完成的功能与例 6-1 相同，读者可自行上机实验，这里不再给出演示图。

除了上述用户自定义变量外，Makefile 中还定义了一些具有特殊含义的默认变量，可以在规则中使用。表 6-1 列出了 Makefile 中一些主要的默认变量。

表 6-1　Makefile 的默认变量

变量名	变量的作用
RM	删除文件的命令，默认值为 rm -f
$+	所有的依赖文件，不去除重复的依赖目标
$^	所有的依赖文件，去除重复的依赖目标
$<	表示第 1 个依赖文件
$?	所有的依赖文件，以空格隔开，这些依赖文件比目标还要新（即修改时间比目标晚）
$@	表示目标文件
$%	仅当目标是函数库文件中，表示规则中的目标成员名。例如，目标是静态库文件 f.a,那么 $% 表示库文件的成员，比如 m.o sort.o 等。若不是函数库文件，其值为空

例 6-3　利用 Makefile 的默认变量将例 6-1 中的 Makefile 重写代码如下：

```
        a. out:main.o m.o
          gcc  $@  $^
main.o:main.c bank.h
            gcc -c $<
m.o:m.c bank.h
            gcc -c $<
```

请读者自行上机实验，这里不再给出演示图。

6.1.4 Makefile 通配符

1. 通配符的基本应用

Makefile 中表示文件名时可使用通配符。可使用的通配符有："*"" ?"和"[…]"。在 Makefile 中通配符的用法和含义与 Linux shell 完全相同。例如，" *.c"代表了当前工作目录下所有以".c"结尾的文件等。但在 Makefile 中，这些通配符并不可以用在任何位置，只能出现在以下两个位置。

（1）可以用在规则的目标、依赖中，make 在读取 Makefile 时会自动对其进行匹配处理（通配符展开）。

（2）可以出现在规则的命令中，通配符的通配处理是在 shell 执行此命令时完成的。除这两种情况之外的其他上下文中，不能直接使用通配符。必要时需通过函数 wildcard 来实现。例如，当希望变量 objects 代表所有 .o 文件列表时，语法：objects = $(wildcard *.o)。

关于 wildcard 函数会在下文中详细介绍。

如果规则的一个文件名包含通配字符（" * "" . "等字符），在使用这样的文件时需要对文件名中的通配字符使用反斜线（\）进行转义处理。例如" foot*ball"，在 Makefile 中它表示了文件" foot*ball"。

例 6-4　利用通配符将例 6-3 的 Makefile 重写一遍，代码如下：

```
    a. out:*.o
       gcc  $@  $^
main.o:main.c bank.h
       gcc -c $<
m.o:m.c bank.h
       gcc -c $<
```

请读者自行上机实验，这里不再给出演示图。

2. 通配符的高级应用

在 Makefile 规则中，通配符通常会被自动展开。但在变量的定义和函数引用时，通配符将失效。这种情况下就需要使用函数 wildcard，其用法是：$(wildcard PATTERN...)。在 Makefile 中，它被展开为已经存在的、使用空格分开的、匹配此模式的所有文件列表。如果不存在任何符合此模式的文件，函数会忽略模式字符并返回空。

例如，可以使用"$(wildcard *.c)"来获取当前工作目录下所有的 .c 文件列表。"$(patsubst %.c,%.o,$(wildcard *.c))"的执行过程是 wildcard 函数获取工作目录下的 .c 文件列表，然后使用函数 patsubst 将列表中所有文件名的后缀 .c 替换为 .o。这样就可以得到在当前目录下生成的 .o 文件列表。

在一个目录下可以使用如下内容的 Makefile 将工作目录下的所有 .c 文件进行编译并最后链接成为一个可执行文件。

例 6-5　利用 wildcard 和 patsubst 函数将例 6-1 的 Makefile 重写一遍。代码如下：

```
#例6-5
Objects:=$(patsubst  %.c,%.o,$(wildcard  *.c))
a.out:$(objects)
          cc $(objects)
```

Makefile 文件内容如图 6-6 所示。

```
图例6-5
objects:=$(patsubst %.c,%.o,$(wildcard *.c))
a.out:$(objects)
          gcc $(objects)
```

图 6-6　Makefile 的隐含规则

本例中使用了 make 的隐含规则来编译 .c 源文件。

6.1.5 Makefile 文件的默认规则

Makefile 文件的默认规则如下：

```
..c.o:
    gcc  -c $<
```

该规则表示所有的 .o 文件都依赖于相应的 .c 文件。例 6-1 中 m.o 依赖于 m.c，main.o 依赖于 main.c。

例 6–6 利用默认规则将例 6-1 中的 Makefile 重写一遍，代码如下：

```
a.out:main.o m.o
      gcc  $@ $^
..c.o:
      gcc -c $<
```

请读者自行上机实验，这里不再给出演示图。

6.1.6 Makefile 文件中的伪目标

在前几节中说得最多的就是目标，Makefile 文件就是由目标和生成目标的命令组成的，比如可执行文件（最终目标）、所有的 .o 文件，这些目标其实都对应于磁盘上的文件。而本节要介绍的伪目标可以理解为一个标签，它并不真正生成新的对应于磁盘的目标文件，只是为了形成一条规则，从而使得 make 完成特定的工作。常用的伪目标有 all、clean 等。

例 6–7 在例 6-1 的 Makefile 规则中加上一些伪目标，代码如下：

```
all: a.out  main.o  m.o
        a.  out:main.o m.o
            gcc main.o m.o
     main.o:main.c bank.h
            gcc -c main.c
     m.o:m.c bank.h
            gcc -c m.c
     clean:
            rm -f  *.o
```

执行 make all 命令等同于 make，是指所有的目标都进行维护更新。执行 make clean 后，则会将生成的中间目标文件（.o 文件）全部删除。运行结果如图 6-7 所示。

```
tarena@ubuntu:~/201808$ make all
cc    -c -o main.o main.c
cc    -c -o m.o m.c
gcc main.o m.o
tarena@ubuntu:~/201808$ make clean
rm -f *.o
tarena@ubuntu:~/201808$ ls
6-1  a.out  bank.h  main.c  Makefile  m.c
tarena@ubuntu:~/201808$
```

图 6-7 伪目标的执行

all 和 clean 都是伪目标，其中伪目标 all 所在第一行下面的命令行为空，所以当执行 make 命令时不会执行任何动作，只会扫描剩下的几条规则并执行相应的编译命令生成可执行文件。同样，由于没有任何其他规则依赖 clean，因此，在执行 make 时，这条规则也不会被执行。所以要想执行伪目标，就要明确使用命令 make 伪目标，make 就会把命令行上的伪目标作为它的目标，以执行相应伪目标下的命令。

需要注意的是，伪目标不能和文件重名，为了避免这一点，需采用一个特殊标记——".PHONY"，将一个目标标识为伪目标。例如：

```
.PHONY:clean
clean:
    rm -f *.o
```

6.1.7 make 的条件执行

条件语句可以根据一个变量的值来控制 make 执行或忽略 Makefile 的特定规则。条件语句可以是两个不同变量或者变量和常量值的比较，用于控制 make 实际执行的部分，不能用于在执行时控制 shell 命令。

条件语句包含三个关键字，分别是 ifeq、else 和 endif。

（1）ifeq 表示条件语句的开始，并指定了一个是否相等的比较条件。例如 ifeq($(vi),2) 就是用于判断变量 vi 是否等于 2，被比较的两个值用逗号隔开。ifeq 之后就是当条件满足时，make 需要执行的部分，条件不满足时忽略。

（2）else 之后就是当条件不满足时的执行部分。else 是可选的。

（3）endif 是结束条件语句。任何条件语句必须以 endif 结束。

例如：

```
ifeq($(vi),2)
    gcc -o  ex1  model
else
    gcc -o  ex2  model
endif
```

上述条件语句说明在变量 vi=2 时，把 model 模块编译生成 ex1 可执行文件；不等于 2 时，把 model 模块编译生成 ex2 可执行文件。

6.2　automake 的使用

一般情况下，都是手工写一个简单的 Makefile 文件，但如果遇到比较复杂的 Makefile 文件，通过手写会大大降低工作效率，因此，automake 应运而生。

在本节中，将介绍如何使用 autoconf 和 automake 两个工具来帮助我们自动地生成符合自由软件惯例的 Makefile，这样就可以像常见的 GNU 程序一样，只要使用 "./configure" "make" "make install" 就可以把程序安装到 Linux 系统中去了。

6.2.1 automake 生成 Makefile 步骤

automake 是一个从文件 Makefile.am 自动生成 Makefile.in 的工具。每个 Makefile.am 基本上是一系列

make 的宏定义或 make 规则。由 automake 生成的 Makefile.in 遵循 GNU Makefile 标准。GNU Makefile 标准文档长、复杂，而且会发生改变。automake 的目的就是减轻维护 Makefile 的负担。典型的 automake 输入文件是一系列简单的宏定义，处理所有这样的文件以创建 Makefile.in。在一个项目（project）的每个目录中通常包含一个 Makefile.am。automake 生成 Makefile 的主要步骤如下。

（1）创建源代码文件，使用"autoscan"生成 configure.scan 文件，将其重命名为 configure.ac，并做适当修改。

（2）使用"aclocal"命令生成 aclocal.m4 文件。

（3）使用"autoconf"命令由 configure.ac 和 aclocal.m4 文件生成 configure 文件。

（4）手工编辑 Makefile.am 文件，使用"automake"命令生成 configure.in 文件。

（5）手工编辑或由系统给定 acconfig.h 文件，使用"autoheader"命令生成 config.h.in 文件。

（6）使用"configure"命令由 configure、configure.in 和 config.h.in 文件生成 Makefile 文件，从而完成 Makefile 文件的创建过程。

6.2.2 实例讲解

例 6-8　main.c 源程序代码如下：

```
#include <stdio.h>
int main(int argc, char** argv)
{
printf( "Hello, Auto Makefile!\n" );
return 0;
}
```

下面介绍通过 automake 生成 Makefile 文件的过程。

第 1 步：在当前目录下创建一个子目录，本例的子目录名为"25"，读者可以创建任意名字的子目录。接下来就在"25"目录中使用 vi 创建 main.c，并输入代码。操作过程如图 6-8 所示。

图 6-8　实例讲解第 1 步

第 2 步：在 shell 命令提示符下输入 autoscan，则会在当前目录下自动创建两个文件，分别是 autoscan.log 和 configure.scan。操作过程如图 6-9 所示。

图 6-9　实例讲解第 2 步

第 3 步：将 configure.scan 的文件名修改为 configure.in。相应的命令为：

mv configure.scan configure.in，这里不再单独截图。

第 4 步：使用 vi 打开 configure.in 文件，并进行如下修改。

① 修改 AC_INIT 里面的参数：AC_INIT(main,1.0, pgpxc@163.com)。

② 添加宏 AM_INIT_AUTOMAKE，它是 automake 所必备的宏。

③ 在 AC_OUTPUT 后添加输出文件 Makefile。

修改后的结果如下：

```
#                      -*- Autoconf -*-
# Process this file with autoconf to produce a configure script.
AC_PREREQ(2.61)
AC_INIT(main, 1.0, pgpxc@163.com)
AC_CONFIG_SRCDIR([main.c])
AC_CONFIG_HEADER([config.h])
AM_INIT_AUTOMAKE(main,1.0)
# Checks for programs.
AC_PROG_CC
# Checks for libraries.
# Checks for header files.
# Checks for typedefs, structures, and compiler characteristics.
# Checks for library functions.
AC_OUTPUT([Makefile])
```

其中，有底纹的文本是需要修改的地方，读者需要特别注意。

第 5 步：运行 aclocal，此时生成一个 aclocal.m4 文件和一个缓冲文件夹 autom4te.cache。该文件主要处理本地的宏定义，操作过程如图 6-10 所示。

```
tarena@ubuntu:~/25$ mv configure.scan configure.in
tarena@ubuntu:~/25$ vi configure.in
tarena@ubuntu:~/25$ aclocal
tarena@ubuntu:~/25$ ls
aclocal.m4  autom4te.cache  autoscan.log  configure.in  main.c
```

图 6-10　实例讲解第 5 步

第 6 步：运行 autoconf，生成 configure 文件；再次运行 autoheader 后即可生成 config.h.in 文件（见图 6-11）。该工具通常会从 acconfig.h 文件中复制用户附加的符号定义，因此此处没有附加符号定义，所以不需要创建 acconfig.h 文件。

```
tarena@ubuntu:~/25$ autoconf
tarena@ubuntu:~/25$ ls
aclocal.m4  autom4te.cache  autoscan.log  configure  configure.in  main.c
tarena@ubuntu:~/25$ autoheader
tarena@ubuntu:~/25$ ls
aclocal.m4      autoscan.log  configure      main.c
autom4te.cache  config.h.in   configure.in
```

图 6-11　实例讲解第 6 步

第 7 步：创建一个 Makefile.am，这是创建 Makefile 很重要的一步。其使用 automake 对其生成 configure.in 文件，在这里使用选项 "--adding-missing" 可以让 automake 自动添加一些必需的脚本文件。

Makefile.am 的内容如下：

```
AUTOMAKE_OPTIONS=foreign
bin_PROGRAMS=main
main_SOURCES=main.c
```

其中的 AUTOMAKE_OPTIONS 为设置 automake 的选项。由于 GNU（在第 1 章中已经有所介绍）对自己发布的软件有严格的规范，比如必须附带许可证声明文件 COPYING 等，否则 automake 执行时会报错。automake 提供了三种软件等级：foreign、gnu 和 gnits，供用户选择，默认等级为 gnu。在本例使用 foreign 等级，它只检测必需的文件。

bin_PROGRAMS 定义要产生的执行文件名。如果要产生多个执行文件，每个文件名用空格隔开。

main_SOURCES 定义"main"这个执行程序所需要的原始文件。如果"main"这个程序是由多个原始文件所组成的，则必须把它所用到的所有原始文件都列出来，并用空格隔开。例如：若目标体"main"需要"main.c""sunq.c""main.h"三个依赖文件，则定义 main_SOURCES=main.c sunq.c main.h。要注意的是，如果要定义多个执行文件，则对每个执行程序都要定义相应的 file_SOURCES。操作过程如图 6-12 所示。

```
tarena@ubuntu:~/25$ vi Makefile.am
tarena@ubuntu:~/25$ automake --add-missing
configure.in:9: installing `./install-sh'
configure.in:9: installing `./missing'
Makefile.am: installing `./depcomp'
tarena@ubuntu:~/25$ ls
aclocal.m4      config.h.in   depcomp      Makefile.am
autom4te.cache  configure     install-sh   Makefile.in
autoscan.log    configure.in  main.c       missing
```

图 6-12　实例讲解第 7 步

第 8 步：运行 configure，通过运行自动配置设置文件 configure，把 Makefile.in 变成了 Makefile 文件。操作过程如图 6-13 所示。

```
tarena@ubuntu:~/25$ ./configure
checking for a BSD-compatible install... /usr/bin/install -c
checking whether build environment is sane... yes
checking for a thread-safe mkdir -p... /bin/mkdir -p
checking for gawk... no
checking for mawk... mawk
checking whether make sets $(MAKE)... yes
checking for gcc... gcc
checking whether the C compiler works... yes
checking for C compiler default output file name... a.out
checking for suffix of executables...
checking whether we are cross compiling... no
checking for suffix of object files... o
checking whether we are using the GNU C compiler... yes
checking whether gcc accepts -g... yes
checking for gcc option to accept ISO C89... none needed
checking for style of include used by make... GNU
checking dependency style of gcc... gcc3
configure: creating ./config.status
```

图 6-13　实例讲解第 8 步

第9步：运行 make，对配置文件 Makefile 进行测试，再执行可执行文件 main。操作过程如图 6-14 所示。

```
tarena@ubuntu:~/25$ make
make  all-am
make[1]: 正在进入目录 `/home/tarena/25'
gcc -DHAVE_CONFIG_H -I.    -g -O2 -MT main.o -MD -MP -MF .deps/main.Tpo -c -o
ain.o main.c
mv -f .deps/main.Tpo .deps/main.Po
gcc  -g -O2   -o main main.o
make[1]:正在离开目录 `/home/tarena/25'
tarena@ubuntu:~/25$ ./main
hellotarena@ubuntu:~/25$
```

图 6-14　实例讲解第 9 步

从图 6-14 可以看出，程序的最后运行结果是在屏幕上输出"hello"字符串。

6.3　小结

本章主要介绍了 Linux 下 make 工程管理器的基础知识，包括 Makefile 的基本规则、默认规则以及变量、通配符的使用方法和技巧。最后介绍了大型项目中使用比较广泛的 automake 工具的使用方法。

◇◇ 习　题 ◇◇

一、填空题

1. 要使用 make 命令，必须编写一个称为_____的文件。

2. _____是一个从文件 Makefile.am 中自动生成 Makefile.in 文件的工具。

3. Makefile 文件命名为_____或_____，在使用 make 命令时就可以不用指定 Makefile 文件名作为参数。

4. 在 Makefile 的默认变量中，变量_____表示第一个依赖文件的名称。

5. 由 autoconf 生成的脚本通常被称为_____。

二、上机题

1. 利用 Makefile 中的默认规则和变量为第 5 章的各个程序编写 Makefile 文件，并上机验证。

2. 尝试使用 automake 自动生成 Makefile，并上机验证。

## 第 7 章

Linux 下的文件编程

在 Linux 操作系统中，一切皆看成文件。Linux 会将目录、设备当作特殊文件来处理。这种处理方法的意义体现在从程序设计人员的角度看所有与文件相关的系统调用是完全一样的，其接口也是一致的，使用起来非常方便，程序完全可以像使用文件那样使用磁盘、串行口、打印机及其他硬件设备。本章主要介绍 Linux 系统下的文件 I/O 操作，即基于文件描述符的文件操作，包括 open、read、write、close、lseek、mkdir、opendir、readdir、rmdir 等文件处理函数的详细讲解并配有项目案例提升读者综合运用能力。

7.1 概述

在 Linux 中针对文件的操作有两种方式：一种是通过调用 C 语言的库函数实现；另一种是通过系统调用实现。前者不依赖于操作系统，可以移植到任何操作系统上运行；后者依赖于操作系统，对文件的操作实际上是通过系统内核提供的"接口"来实现的。不同的操作系统，内核提供了不同的系统调用方法。本章主要介绍 Linux 下的系统调用。

7.1.1 Linux 下的系统调用

所谓系统调用，是指操作系统提供给用户程序的一组"特殊"接口，用户程序可以通过这组"特殊"接口来获得操作系统内核提供的特殊服务。

在 Linux 中，用户程序不能直接访问内核提供的服务。为了更好地保护内核空间，将程序的运行空间分为内核空间和用户空间，它们分别运行在不同的级别上，在逻辑上是相互隔离的，如图 7-1 所示。

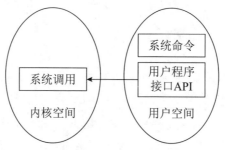

图 7-1　系统调用、API 与系统命令关系图

在 Linux 中，用户编程接口（API）遵循了在 UNIX 中最流行的应用编程标准——统一的编程接口规范（Portable Operating System Interface，POSIX）。POSIX 标准定义了操作系统应该为应用程序提供的接口标准，是 IEEE 为要在各种 UNIX 操作系统上运行的软件而定义的一系列 API 标准的总称。

7.1.2 基本 I/O 函数

在 Linux 中，read 和 write 是基本的系统级 I/O 函数。当用户进程使用 read 和 write 读写 Linux 的文件时，进程会从用户态进入内核态，通过 I/O 操作读取文件中的数据。内核态（内核模式）和用户态（用户模式）是 Linux 的一种机制，用于限制应用可以执行的指令和可访问的地址空间。进程处于用户模式下，不允许发起 I/O 操作，因此必须通过系统调用进入内核模式才能对 Linux 文件进行读取操作。

大多数 Linux 文件 I / O 操作用到 5 个函数：open、read、write、lseek 以及 close。

7.1.3 文件描述符

对于系统内核而言，所有打开的文件都由文件描述符引用。当打开一个现存文件或创建一个新文件时，内核就会向进程返回一个文件描述符。文件描述符是一个非负整数。当进程启动时系统会自动为其打开三个文件：标准输入、标准输出和标准出错输出。这三个文件分别对应文件描述符 STDIN_FILENO、STDOUT_FILENO、STDERR_FILENO，对应的值为 0、1、2。

在 C 语言中，进程启动时，系统同样自动打开三个文件：标准输入、标准输出、标准出错输出。这三个文件都与终端相关联，因此，在不打开终端文件的情况下就可以在终端进行输入和输出操作。表 7-1 列出了文件描述符和文件指针的区别。

表 7-1　文件描述符和文件指针

项　目	标准输入（键盘）	标准输出（显示器）	标准出错（显示器）
文件指针	stdin	stdout	stderr
文件描述符	STDIN_FILENO	STDOUT_FILENO	STDERR_FILENO
文件描述符对应值	0	1	2

文件指针和文件描述符的区别如下。

1. 数据类型不一致

stdin、stdout 和 stderr 类型为 FILE *

STDIN_FILENO、STDOUT_FILENO 和 STDERR_FILENO 类型为 int。

使用 stdin 的函数主要有：fread、fwrite、fclose 等，基本上都以 f 开头。

使用 STDIN_FILENO 的函数有：read、write、close 等。

2. 本质不同

标准 I/O 是 ANSI C 建立的一个标准 I/O 模型，是一个标准函数包和 stdio.h 头文件中的定义，具有一定的可移植性。标准 I/O 默认采用缓冲机制，例如调用 fopen 函数，不仅打开一个文件，而且建立了一个缓冲区（读写模式下将建立两个缓冲区），并创建了一个包含文件和缓冲区相关数据的数据结构。当用 fwrite 函数向磁盘写数据时，先把数据写入流缓冲区中，当达到一定条件时，比如流缓冲区满了，或刷新流缓冲，这时才会把数据一次送往内核提供的块缓冲，再经块缓冲写入磁盘（双重缓冲）。写入过程是：数据流 -> 流缓存区 -> 内核缓存 -> 磁盘。

STDIN_FILENO 等是文件描述符。I/O 操作一般没有缓冲，需要自己创建缓冲区，不过在 Linux 或 UNIX 系统中，都会使用称为内核缓冲的技术用于提高效率，读写调用是在内核缓冲区和进程缓冲区之间进行的数据复制，在 unistd.h 头文件中进行定义。写入过程是：数据流 -> 内核缓存 -> 磁盘。

每个进程都可以打开多个文件从而拥有多个文件描述符，能打开文件的数量取决于操作系统，Linux 中的每个进程最多可以打开 1024 个文件。可以在终端输入命令 ulimit –n 来查看当前操作系统下启动的进程最多能打开的文件数量。

7.2　基本 I/O 操作

本节将详细介绍文件打开、读取、写入、关闭以及移动文件读写指针操作。使用文件操作基本函数，必须将相关头文件引入到程序中，作为初学者，可以使用 man 手册来查看相关的头文件。

7.2.1 open 函数

open 函数的功能是打开或创建文件，对文件进行读写操作之前都需要打开文件，所以 open 是对文件数据进行存取必须完成的系统调用。由于 open 本身也是 shell 命令，所以要查看 open 函数的帮助信息，需要输入 man 2 open，表示在手册的第二节找到相关信息。下面详细介绍函数所需头文件、函数原型以及函数返回值。

open 函数所需头文件：

```
#include <sys/types.h>
#include <sys/stat.h>
#include <fcntl.h>
```

open 函数的原型有两种：第一种为 int open(const char *pathname,int flags,mode_t mode)；第二种为 int open(const char *pathname,int flags)。当使用 open 创建一个新文件时，使用第一种有三个参数的 open 函数；当使用 open 打开一个文件时，使用第二种有两个参数的 open 函数。

其中，参数 pathname 是要创建或打开的文件的路径（相对路径或绝对路径）。

参数 flags 用来标识打开方式。由两组符号常数进行或运算构成 flags 参数（这些常数定义在 <fcntl.h> 头文件中）。表 7-2 列出了构成 flags 参数的两组符号常数。

表 7-2　flags 参数说明

第一组（打开方式）	说　明	第二组（其他选项）	说　明
O_RDONLY	以只读方式打开文件	O_CREAT	需要创建新文件时加上该参数，并且需要使用 open 函数的第二种原型（即需要第三个参数）
O_WRONLY	以只写方式打开文件	O_EXCL	此参数可测试文件是否存在。若文件存在时而使用了 O_CREAT 和 O_EXCL，那么返回值为 -1，errno 的值为 17，对应的错误描述则是 File Exist
O_RDWR	以读写方式打开文件	O_APPEND	每次进行写入操作时，将新内容追加到文件尾部
		O_TRUNC	每次进行写入操作时，先将文件内容清空，再将文件指针移到文件头

上述两组参数之间用"|"符号进行连接。

open 函数的第三个参数 mode 是在创建文件时才使用的，用来指定所创建文件的存取权限，其符号常量和八进制值的对应关系见表 7-3。对于 mode，可以使用符号常量，也可以使用按位进行或运算来计算权限。

知识补充 1

文件权限设置是针对三类用户进行的，三类用户分别是文件属主 (u)、文件属组用户 (g) 和其他用户 (o)。权限类型分为三种，读 (r)、写 (w)、执行 (x)，对应的加权值分别为 4，2，1。例如：新建文件的权限设置为 642，则表示属主对文件的操作权限为 6=4+2，意味着对文件具有读写权限；属组用户对文件的操作权限为 4，意味着对文件具有写权限；其他用户对文件的操作权限为 1，意味着对文件具有执行权限。

表 7-3　mode 参数说明

符号常量	说　明
S_IRUSR	属主拥有读的权限
S_IWUSR	属主拥有写的权限
S_IXUSR	属主拥有执行的权限
S_IRGRP	属组用户拥有读的权限
S_IWGRP	属组用户拥有写的权限
S_IXGRP	属组用户拥有执行的权限
S_IROTH	其他用户拥有读的权限
S_IWOTH	其他用户拥有写的权限
S_IXOTH	其他用户拥有执行的权限

◆ **知识补充 2**

在使用 open 函数打开一个文件时，除了设置打开方式外，还要考虑文件本身的存取许可。见例 7-1。

open 函数返回值：如果调用成功则返回文件描述符，若出错则返回 - 1。通过返回值可以判断系统调用是否成功，从而实现对程序的逻辑控制。

例 7-1　在当前目录下创建名为 open_test 的文件，以只读方式打开，并设置其权限为：属主可读可写可执行，属组用户可读，其他用户无任何权限。

```
//1. open函数所需头文件
    #include <sys/types.h>
    #include <sys/stat.h>
    #include <fcntl.h>
//2. 输入输出头文件
    #include <stdio.h>
//3.调用open函数创建open_test文件
    main()
    {
    int fd;// 3.声明变量fd,保存文件描述符
    fd=open( "open_test" ,O_RDONLY|O_CREAT,740);
//4.通过open函数返回值来判断文件创建是否成功
    if(fd==-1)
    {
        perror( "创建失败!" );// 5.perror函数可以将errno中的错误信息输出
    return -1;
    }
    else
        printf( "创建成功!" ); }
```

例 7-2　使用 open 函数将上例中创建的 open_test 以读写方式打开，若成功打开则输出"打开成功"的提示字符串，若失败，请分析失败原因。

```
#include <sys/types.h>
#include <sys/stat.h>
#include <fcntl.h>
#include <stdio.h>
main()
    {
int fd;
fd=open("open_test",O_RDWR);
if(fd==-1)
    {
        perror("打开失败!");
return -1;
    }
else
    printf("打开成功!"); }
```

编译上面的源程序，执行后出现失败：Permission denied 的错误信息。

原因：

查看文件本身的权限，在终端输入 shell 命令：ls –l open_test，结果如图 7-2 所示。

```
tarena@ubuntu:~$ ls -l open_test
-r--rw-r-- 1 tarena tarena 5  4月 15 17:00 open_test
```

图 7-2　文件 open_test 的信息

可以发现，open_test 文件本身为属主用户只开放可读的权限，并没有开放可写权限，所以出现了上述错误。

解决方法：使用 chmod 命令改变文件的权限，命令为 chmod u+w open_test。

再次查看文件本身的权限，如图 7-3 所示。

```
-rw-rw-r-- 1 tarena tarena 5  4月 15 17:00 open_test
```

图 7-3　改变权限后 open_test 的信息

重新运行可执行文件后，出现如图 7-4 所示的界面。

```
tarena@ubuntu:~$ ./open_test2
打开成功tarena@ubuntu:~$
```

图 7-4　程序运行结果

7.2.2　close 函数

close 函数的功能是关闭一个已经打开的文件。

close 函数所需头文件：#include <unistd.h>。

close 函数的原型：int close(int fd); 其中 fd 是文件描述符。返回值若是 0，表示执行成功；返回值若是-1，则表示执行失败。

当一个进程终止时，它所有的打开文件都由内核自动关闭。很多程序都使用这一功能而不显式地用

close 关闭打开的文件。

7.2.3 write 函数

write 函数的功能是向已打开的文件写数据。

write 函数需要包含的头文件：#include <unistd.h>。

write 函数的原型：ssize_t write(int fd, const void * buf, size_t count) ;。

其中，fd 为文件描述符。buf 表示写入文件的数据缓冲区地址。count 表示写入的字节数。

返回值：若调用成功，则返回已经写入的字节数；若失败，返回 -1。常见的出错原因是磁盘空间已满或者超过了文件大小限制。

例 7-3　使用 open 函数将 open_test 以读写方式打开后，使用 write 函数向文件中写入数据。

```
#include <sys/types.h>
#include <sys/stat.h>
#include <fcntl.h>
#include <stdio.h>
#include <unistd.h>
main()
   {
int fd;
fd=open( "open_test" ,O_RDWR);
if(fd==-1)
   {
       perror( "打开失败!" );
return -1;
   }
else
   { //使用write函数向文件open_test中写入字符串
int  ssize=wirte(fd, "hello" ,5);
if(ssize==-1)
    {perror( "写入失败" );
     Return -1;
    }
else
    {printf( "写入成功" );

}
}
```

编译上述源程序，执行后，使用 vi 查看 open_test 的内容是 hello。

思考：若运行 n 次后，open_test 的内容是什么？是一个 hello 还是 n 个 hello ？

知识补充

用 open 函数打开文件后，对文件后续的读和写操作都是从文件指针所指向的位置开始，每次打开文件后，文件指针默认指向文件头，所以上例中每次的写入操作都是从头开始，因此无论运行多少次，

open_test 内容都是最后一次写入的"hello"字符串。

如果希望将每次写入的内容追加到文件尾，则需要使用 open 函数中的 O_APPEND。将函数调用语句改为：fd=open("open_test" ,O_RDWR|O_APPEND)；重新对更改后的源文件进行编译、链接，运行后查看 opentest 的内容为字符串"hellohello"，实现了将内容追加到文件尾的目的。

如果希望每次写入内容前清空文件内容，则需要使用 open 函数中的 O_TRUNC。将函数调用语句改为：fd=open("open_test" ,O_RDWR|O_TRUNC);。

例 7-4 编写程序，实现在当前目录下创建 10 个文件，文件名为 1.dat，2.dat，…，10.dat，并将整数 1,2，…，10 分别写入文件。

```
#include <sys/types.h>
#include <sys/stat.h>
#include <fcntl.h>
#include <stdio.h>
#include <unistd.h>
main()
{ int fd,i;
char filename[10];
for(i=1;i<=10;i++)
   {   sprintf(filename,"%d.dat",i);
fd=open(filename,O_RDWR|O_CREAT, 644);
if(fd==-1)
      {
perror("创建失败\n");
return -1;
}
intssize=write(fd,&i,sizeof(int));
if(ssize==-1)
      {
perror("写入失败\n");
return -1;
      }
   } }
```

查看二进制文件可使用 od 命令。例如：od 1.dat。

本例中的 sprintf 函数的功能是把格式化的数据写入字符数组中。

7.2.4 read 函数

read 函数的功能是向已打开的文件读取数据。

read 函数需要包含的头文件：#include <unistd.h>。

read 函数的原型：ssize_t read(int fd, const void * buf, size_t count);。

其中，fd 为文件描述符；buf 表示读出数据缓冲区地址；count 表示读出的字节数。

返回值：若调用成功，则返回读到的字节数；若失败，返回 -1；若已经达到文件尾，则返回 0。因此，读到的字节数可能小于 count 的值。

例 7-5　将例 7-4 中文件的数据读出并输出在屏幕上。

```
#include <sys/types.h>
#include <sys/stat.h>
#include <fcntl.h>
#include <stdio.h>
#include <unistd.h>
main()
    {
int fd,i,j;
char filename[10];
for(i=1;i<=10;i++)
    {
sprintf(filename, "%d.dat" ,i);
fd=open(filename,O_RDWR);
if(fd==-1)
    {
        perror( "打开文件失败\n" );
return -1;
    }
        read(fd,&j,sizeof(int)); //读取文件的数据存放在变量j中
printf( "%d\n" ,j);
    }
    }
```

例 7-6　将例 7-4 中文件数值增 1。

```
#include <sys/types.h>
#include <sys/stat.h>
#include <fcntl.h>
#include <stdio.h>
#include <unistd.h>
main()
    {
int fd,i,j;
char filename[10];
for(i=1;i<=10;i++)
    {
sprintf(filename,"%d.dat",i);
fd=open(filename,O_RDWR);
if(fd==-1)
    {
perror("打开文件失败\n");
return -1;
    }
    read(fd,&j,sizeof(int)); //读取文件的数据存放在变量j中
j++;
write(fd,&j,sizeof(int));
}
    }
```

　　程序运行后,使用 od 命令查看 .dat 文件的内容发现,变量 j 的值追加到文件尾,而不是覆盖先前的值。
原因是 read 函数被调用后,文件指针也从文件头向右偏移了读取的字节数（这里是一个整型所占字节数）,

那么当调用 write 函数时，写入操作是从当前文件指针位置开始的，因此 .dat 文件中就出现了两个数据。如何解决这个问题，请见 7.2.5 节的 lseek 函数。

7.2.5 lseek 函数

所有打开的文件都有一个当前文件偏移量（又叫文件指针），文件指针通常是一个非负整数，用于表示文件开始处到文件当前位置的字节数。因此，文件偏移量以字节为单位。

对文件的读写操作开始于文件偏移量，并且使文件偏移量增大，增量为读写的字节数。文件被打开时，文件偏移量为 0，即文件指针指向文件头（在打开时使用 O_APPEND 除外）。

lseek 函数的功能是设置偏移量的值，即可以改变文件指针位置，从而实现对文件的随机存取。

lseek 函数所需头文件：

#include<sys/types.h>

#include <unistd.h>

lseek 函数的原型：off_t lseek(int fd,off_t offset,int whence);。

其中，fd 为文件描述符。

offset：偏移量，指的是每一读写操作所需移动距离，以字节为单位，可正可负，正值表示向文件尾方向移动，负值表示向文件首方向移动。

whence：当前位置的基点，主要有以下三个基点符号常量，通常前两个基点用得较多。

SEEK_SET，将该文件的位移量设置为距文件开始处 offset 个字节。

SEEK_CUR，将该文件的位移量设置为其当前值加 offset，offset 可为正或负。

SEEK_END，将该文件的位移量设置为文件长度 offset，offset 可为正或负。

那么例 7-6 出现的问题就可以使用 lseek 函数移动指针的方法来解决。代码如下：

```
#include <sys/types.h>
#include <sys/stat.h>
#include <fcntl.h>
#include <stdio.h>
#include <unistd.h>
main()
    {
int fd,i,j;
char filename[10];
for(i=1;i<=10;i++)
    {
sprintf(filename,"%d.dat",i);
fd=open(filename,O_RDWR);
if(fd==-1)
    {
        perror("打开文件失败\n");
return -1;
    }
    read(fd,&j,sizeof(int)); //读取文件的数据存放在变量j中
j++;
lseek(fd,0,SEEK_SET);或者lseek(fd,-4,SEEK_CUR);//目的是将指针移动到文件首,整型类型占4个字节
write(fd,&j,sizeof(int));
```

```
}
    }
```

例 7-7　在 a.dat 中依次写入 'a' 到 'z'，然后使用 lseek 定位读取 'c' 并且输出。

```
        /*所需头文件此处省略,头文件同例7-6*/
main()
    {
int fd;
fd=open( "a.dat" ,O_RDWR);
if(fd==-1)
        { perror( "打开失败\n" );
return -1;}
char  c;
for(c= 'a' ;c<= 'z' ;c++)
        {
write(fd,&c,sizeof(char));

    }
lseek(fd,2,SEEK_SET);
char  read_c;
        read(fd,&read_c,1);//字符型数据在内存中占1个字节
        printf( "读出的字符为%c" ,read_c);
    }
```

例 7-8　在 a.dat 中依次写入数字 1 到 100，然后使用 lseek 定位读取 28 并且输出。

```
        /*所需头文件此处省略,头文件同例7-6*/
main()
    {
int fd;
fd=open("a.dat",O_RDWR);
if(fd==-1)
        { perror("打开失败\n");
return -1;}
int  i;
for(i=1;i<=100;i++)
        {
write(fd,&i,sizeof(int));

    }
    lseek(fd,108,SEEK_SET);//108=(28-1)×4 整型类型数据在内存中占4个字节
    int  read_i;
    read(fd,&read_i,4);或者read(fd,&read_i,sizeof(int));//整型数据在内存中占4个字节
printf("读出的数据为%d",read_i);
    }
```

7.3　文件锁

现有两个程序 flock1.c 和 flock2.c，源代码如下：

flock1.c 源代码:

```
#include "public.h"
#include <time.h>
int main()
{
int fd = open( "a.txt" , O_RDWR|O_CREAT|O_APPEND, 0666);
if(fd < 0)
    {
perror( "open" );
return -1;
    }
int i = 0;
char c = '0' ;
for(i=0; i<10000; i++)
    {
usleep(rand()%100);
write(fd, &c, 1);
c++;
if(c > '9' )
        {
            c = '0' ;
        }
    }
return 0;
}
```

flock2.c 源代码:

```
#include "public.h"
#include <time.h>
int main()
{
int fd = open( "a.txt" , O_RDWR|O_CREAT|O_APPEND, 0666);
if(fd < 0)
    {
perror( "open" );
return -1;
    }
int i = 0;
char c = 'A' ;
for(i=0; i<10000; i++)
    {
usleep(rand()%100);
write(fd, &c, 1);
c++;
if(c >  'Z' )
        {
            c = 'A' ;
        }
    }
return 0;
}
```

其中，头文件 public.h 的内容为：

```
#ifndef __PUBLIC_H__
#define __PUBLIC_H__
#include <stdio.h>
#include <stdlib.h>
#include <string.h>
#include <unistd.h>
#include <fcntl.h>
#endif
```

分析：flock1.c 和 flock2.c 的功能都是向 a.txt 中写入数据，但同时访问 a.txt，会发现并不能保证 a.txt 内容的一致性，也就是说每次运行，结果都会有所不同（读者可以自行尝试，多次运行后，观察 a.txt 的内容）。

那么为了保证在任何特定时间只允许一个进程访问一个文件，可以利用 Linux 下的文件锁机制，这种机制能够使读写单个文件的过程变得更安全。

7.3.1 Linux 下的文件锁机制

文件锁是为了解决多进程同时操作一个文件时产生的数据冲突问题。文件锁允许多个进程同时读一个文件，不允许多进程同时写一个文件，也不允许多进程同时读写。

文件锁分为读锁和写锁。读锁针对读操作，允许其他进程读该文件，但不允许写该文件。写锁针对写操作，给一个文件加了写锁，不允许其他进程读写该文件。

锁可以锁整个文件，也可以锁文件的一部分。

文件锁类型分为建议性锁和强制性锁，建议性锁又称协同锁。每个使用文件的进程都要主动检查该文件是否有锁存在，如果有锁存在并被排斥，那么就主动保证不再进行接下来的 IO 操作。如果进程对某个文件进行操作时，没有检测是否加锁或者无视加锁而直接向文件写入数据，内核是不会加以阻拦控制的。因此，建议性锁不能阻止进程对文件的操作，而只能依赖于进程自觉地去检测是否加锁然后约束自身行为。Linux 默认采用建议性锁。

强制性锁是操作系统内核的文件锁，由内核执行。每当进程对文件进行操作时，内核检测该文件是否被加了强制性锁，如果存在强制性锁则阻止进程对文件的操作。如果说建议性锁靠大家自觉遵守规则，那么强制性锁就是由内核强制大家来遵守规则。Linux 是有强制锁的，但是默认不开启。想让 Linux 支持强制性锁，不但在 mount 的时候需要加上 -o mand，而且对要加锁的文件也需要设置相关权限。读者可自行扩展学习强制性锁。本书只详细介绍了建议性锁的应用。

7.3.2 文件锁的使用

1. 文件锁的定义
文件锁实际上是一种 struct flock 结构体类型的数据，struct flock 的描述如下：

```
    struct flock
{ short l_type;
```

```
short l_whence;
off_t l_start;
        off_t l_len;
        pid_t  l_pid;
/*其他成员变量*/ }
```

其中，l_type 表示锁的类型，主要包括的类型有读锁（F_RDLCK）、写锁（F_WRLCK）和解锁（F_UNLCK）。

l_whence 表示文件指针偏移的起点，主要有 SEEK_SET、SEEK_CUR 和 SEEK_END。

l_start 表示锁区偏移量（以字节为单位），从 l_whence 开始。

l_len 表示锁区的长度。

定义一个文件锁，实际上就是定义一个上述结构体类型的变量，再根据锁的功能来指定结构体类型中各个成员变量的值。例如：struct flock w_lock; w_lock.l_type=F_WRLCK; 表示定义了一个写锁。

2. 文件锁的使用

文件锁的使用是通过 fcntl 函数来完成的。下面介绍 fcntl 函数的原型及各参数类型和作用。

fcntl 函数原型：int fcntl(int fd, int cmd, ... /* arg */);。

其中，fd 是文件描述符。

cmd 的三种取值及作用：F_GETLK——测试是否可以获得锁，可以解锁；F_SETLK——设置锁的状态；F_SETLKW——set lock wait（设置等待）。

7.3.3 实例讲解

例 7-9　给例 7-8 中的文件 a.dat 从数据 20 到 50 范围加读锁，之后释放读锁。源代码如下：

```
#include "public.h"
main()
{int fd=open( "a.txt" ,O_RDWR);
if(fd==-1)
{
            perror("open failed\n");
return -1;
        }
//1.准备锁
struct flock  rlock;
rlock.l_type=F_RDLCK;
rlock.l_whence=SEEK_SET;
rlock.l_start=76;//整型数据占4个字节,l_start的值单位为字节,所以76=(20-1)×4
    rlock.l_len=124;//124=(50-20+1)×4
    rlock.l_pid=-1;
    //2.为文件加锁
int res=fcntl(fd,F_SETLK,&rlock);
if(res==-1)
{
            perror( "fcntl failed\n" );
return -1;
    }
```

```
        printf( "成功加锁\n" );
lseek(fd,76,SEEK_SET);
sleep(30);
printf( "reading ok\n" );
        //3. 释放锁
        rlock.l_type=F_UNLCK;
res=fcntl(fd,F_SETLK,&rlock);
if(res==-1)
{perror( "lock release failed\n" );
return -1;}
        printf( "release lock success\n" );
sleep(10);
close(fd);
}
```

验证环节：读锁针对读操作，允许其他进程获得读锁对该文件进行读取操作，但不允许获得写锁向该文件写入内容。

lock1.c 源代码如下：

```
#include "public.h"
int main()
{
int fd=open( "a.txt" ,O_RDWR);
if(fd==-1)
        {perror( "open failed\n" );
return -1;}
    //1.准备锁
struct flock  rlock;
    rlock.l_type=F_RDLCK;
    rlock.l_whence=SEEK_SET;
    rlock.l_start=10;
    rlock.l_len=21;
    rlock.l_pid=-1;
    //2.为文件加锁
int res=fcntl(fd,F_SETLK,&rlock);
if(res==-1)
        {perror( "fcntl failed\n" );
return -1;}
printf( "locking success\n" );
lseek(fd,10,SEEK_SET);
sleep(30);
printf( "reading ok\n" );
    //3. 释放锁
    rlock.l_type=F_UNLCK;
res=fcntl(fd,F_SETLK,&rlock);
if(res==-1)
    {perror( "lock release failed\n" );
return -1;}
printf( "release lock success\n" );
sleep(10);
close(fd);
```

lock2.c 源代码如下：

```
#include "public.h"
int main()
{
int fd=open( "a.txt" ,O_RDWR);
if(fd==-1)
        {
          perror( "open failed\n" );
return -1;
}
    //1.准备锁
struct flock  rlock;
    rlock.l_type=F_RDLCK;
    rlock.l_whence=SEEK_SET;
    rlock.l_start=0;
    rlock.l_len=20;
    rlock.l_pid=-1;
    //2.为文件加锁
int res=fcntl(fd,F_SETLK,&rlock);
if(res==-1)
            {
               perror( "fcntl failed\n" );
return -1;
                }
printf( "locking success\n" );
lseek(fd,0,SEEK_SET);
sleep(5);
printf( "reading ok\n" );
    //3. 写锁
struct flock wlock;
    wlock.l_type=F_WRLCK;
    wlock.l_whence=SEEK_SET;
    wlock.l_start=0;
    wlock.l_len=20;
    wlock.l_pid=-1;
res=fcntl(fd,F_SETLK,&wlock);
if(res==-1)
    {
        perror( "get wrlock failed\n" );
return -1;
    }
printf( "get  lock success\n" );
sleep(5);
close(fd);
    }
```

通过对 lock1.c 和 lock2.c 的分析和测试，发现 lock2.c 因为 lock1.c 对文件加了读锁，所以没获得写锁就结束了。若进程希望一直等待到解锁，则在加锁时需要将语句 res = fcntl(fd, F_SETLK, &wlock); 更改为 res = fcntl(fd, F_SETLKW, &wlock);。

关于文件锁，需要注意以下几点。

（1）如若 l_len 为 0，则表示锁的区域从其起点（由 l_start 和 l_whence 决定）开始直至最大可能位置为止。也就是不管向该文件中填写多少数据，它都处于锁的范围。

（2）为了锁整个文件，通常的方法是将 l_start 说明为 0，l_whence 说明为 SEEK_SET，l_len 说明为 0。

（3）锁机制并不是真的去锁住读写函数，而是在对文件操作之前执行加锁操作，如果该操作执行失败，编程者在逻辑上控制不去执行 read 和 write 函数。

请读者利用锁机制解决该节中 flock1.c 和 flock2.c 同时向文件写入内容发生的冲突问题。

7.4　目录操作

对目录进行操作的相关函数有：mkdir、rmdir、getcwd、opendir、readdir 和 closedir。本节将从函数功能、需要包含的头文件、返回值及类型、参数及类型等几个方面分别介绍目录操作的相关函数。

7.4.1　mkdir 函数

函数功能：创建目录。
函数需要包含的头文件：

```
#include <sys/types.h>
#include <sys/stat.h>
```

函数原型：intmkdir(const char *pathname,mode_t mode);
其中，参数 pathname 指定要创建的目录路径（相对路径或绝对路径）；参数 mode 指定了目录的访问权限（同 open 函数中的 mode）。

函数的返回值：若调用成功则返回 0，否则返回 -1。
例 7-10　在当前的工作目录下创建目录 dir1。

```
#include <unistd.h>
#include <stdio.h>
#include <sys/types.h>
#include <sys/stat.h>
main()
{
int  dirfd=mkdir( "dir1" ,777);
if(dirfd==-1)
    {
perror( "目录创建失败!\n" );
return -1;
    }
printf( "目录创建成功\n" );
}
```

若创建失败，请分析原因并解决；若创建成功，则查看新创建的目录的详细信息。

例 7-11 输入准考证号，在当前目录下创建以准考证号命名的目录。例如：输入 1712056，则在当前目录下创建名为 1712056 的目录（文件夹）。

```
#include <unistd.h>
#include <stdio.h>
#include <sys/types.h>
#include <sys/stat.h>
main()
{
char buf[10];
printf( "请输入准考证号:" );
scanf( "%s" ,buf);
int dirfd=mkdir(buf,777);
if(dirfd==-1)
    {
        perror( "目录创建失败!\n" );
return -1;
    }
printf( "目录创建成功\n" );
}
```

7.4.2 rmdir 函数

函数功能：删除空目录。
函数需要包含的头文件：

```
#include <sys/types.h>
#include <sys/stat.h>
```

函数原型：int rmdir(const char *pathname);
其中，参数 pathname 指定要创建的目录路径（相对路径或绝对路径）。
函数的返回值：只有目录为空时，调用才能成功，返回 0，否则返回 -1。
例 7-12 删除例 7-10 创建的目录 dir1。

```
#include <unistd.h>
#include <stdio.h>
#include <sys/types.h>
#include <sys/stat.h>
main()
    {
intrmfd=rmdir( "dir1" );
if(rmfd==-1)
    {
        perror( "删除失败\n" );
return -1;
    }
    printf( "删除成功!\n" );
}
```

7.4.3 getcwd 函数

函数功能：获取当前工作路径信息。

函数需要包含的头文件：

```
#include <sys/types.h>
#include <sys/stat.h>
```

函数原型：char *getcwd(const char *pathname);

函数的返回值：若调用成功则返回指针，失败则返回 NULL。

例 7-13　输出当前工作路径。

```
#include <unistd.h>
#include <stdio.h>
#include <sys/stat.h>
#include <sys/types.h>
int main()
{

char *p;
char buf[100];
 p=getcwd(buf,sizeof(buf));
if(p==NULL)
 {perror( "获取失败\n" );
return -1;}
 printf( "当前工作路径是%s" ,buf);
}
```

7.4.4 opendir 函数

函数功能：打开目录，对目录读取操作前必须先使用 opendir 打开目录。

函数需要包含的头文件：

```
#include <dirent.h>
#include <sys/types.h>
```

函数原型：DIR *opendir(const char *pathname);

函数的返回值：若调用成功则返回一个目录指针，失败则返回 NULL。

例 7-14　打开目录 dir1。

```
#include <stdio.h>
#include <dirent.h>
#include <sys/types.h>
main()
{
  DIR *p=opendir( "dir1" );
if(p==NULL)
   {
```

```
        perror( "打开失败" );
return -1;
    }
 printf( "成功打开目录" );
}
```

7.4.5 readdir 函数

函数功能：目录读取操作，使用 readdir 函数之前必须使用 opendir 将目录打开。
函数需要包含的头文件：

```
#include <dirent.h>
#include <sys/types.h>
```

函数原型：struct direct *readdir(DIR *dp);

函数的返回值：若调用成功则返回 0，失败则返回 -1。

例 7-15 输出目录 dir1 中第一个文件名或子目录名。

```
#include <stdio.h>
#include <dirent.h>
#include <sys/types.h>
main()
{
  DIR *p=opendir( "dir1" ); //1.打开目录dir1
if(p==NULL)
    {
        perror( "打开失败" );
return -1;
    }
struct dirent  *q=readdir(p);//2.读取目录dir1中的第一个文件
  printf("%s",q->d_name);   // 3. 输出文件名

}
```

例 7-16 输出目录 dir1 中所有的文件名或子目录名。

```
#include <dirent.h>
#include <unistd.h>
#include <stdio.h>
#include <sys/stat.h>
#include <sys/types.h>
int main()
{
    DIR *p;
    p=opendir( "jieben" );
if(p==NULL)
    {
        perror( "打开失败\n" );
return -1;
```

```
}
struct dirent *p1;
   p1=readdir(p);
while(p1!=NULL)
        {
printf( "type=%d,name=%s" ,p1->d_type,p1->d_name);
            p1=readdir(p);
        }
}
```

7.4.6 closedir 函数

函数功能：关闭目录。
函数需要包含的头文件：

```
#include <dirent.h>
#include <sys/types.h>
```

函数原型：int closedir(DIR *dp);
函数的返回值：若调用成功则返回 0，失败则返回 -1。

7.5 项目实战

设计一款迷你式 ATM，模拟实现开户、存钱、取钱、转账、查询和销户功能。
程序参考1：
（1）头文件 public.h 的内容如下：

```
#ifdef _PUBLIC_H
#define _PUBLIC_H
#include <stdio.h>
#include <sys/types.h>
#include <sys/stat.h>
#include <fcntl.h>
#include <unistd.h>
#endif
struct  account
{
int id;
char name[30];
float money;
int pwd;
};
```

（2）主程序 main.c 代码如下：

```
#include "public.h"
main()
{    printf( "*********************\n" );
     printf( "欢迎使用迷你式ATM机\n" );
printf("*********************\n" );
     printf( "请选择您所需的服务编号:\n" );
     printf( "--------开户------>1\n" );
     printf( "--------存钱------>2\n" );
     printf( "--------取钱------>3\n" );
     printf( "--------转账------>4\n" );
     printf( "--------查询------>5\n" );
     printf( "--------销户------>6\n" );
printf( "*********************\n" );
int  num;
scanf( "%d" ,&num);
switch(num)
       {
       case 1:creatuser ();break;
       case 2:savemoney();break;
       case 3:getmoney();break;
       case 4:zhuanzhang();break;
       case 5:searching();break;
       case 6:xiaohu();break;
       default:
       printf( "输入的服务编号有误,请重新输入:\n" );
     }
     }
//creatuser()是开户函数
creatuser() {
struct account user1;
 printf( "请输入您的ID号码:" );
char  name[10];
int i;
scanf( "%d" ,&user1.id);
sprintf(name, "%d.dat" ,user1.id);
int fd=open(name,O_RDWR|O_CREAT|O_EXCL,0666);
if(fd==-1)
{
perror( "创建失败,用户已存在\n" );
return -1;
}
printf( "请输入您的姓名:\n" );
scanf( "%s" ,user1.name);
printf( "请输入您的开户金额:\n" );
scanf( "%f" ,&user1.money);
printf( "请输入您的开户密码:\n" );
scanf( "%d" ,&user1.pwd);
write(fd,&user1,sizeof(struct account));
close(fd);
 }
//searching()是查询函数
```

```
searching()
{
struct accountusertemp;
    printf( "请输入您的ID号码:\n" );
int i;
scanf( "%d" ,&i);
char name[10];
sprintf(name, "%d.dat" ,i);
int fd=open(name,O_RDWR);
if(fd==-1)
   {
        printf( "用户不存在,请重新输入:\n" );
return;
   }
    printf( "请输入您的账号密码:\n" );
int pwd;
scanf( "%d" ,&pwd);
read(fd,&usertemp,sizeof(struct account));
if(pwd==usertemp.pwd)
   {
lseek(fd,0,SEEK_SET);
read(fd,&usertemp,sizeof(struct account));
    printf( "姓名:%s\n" ,usertemp.name);
    printf( "账户余额:%.2f\n" ,usertemp.money);
   }
else
printf( "您的密码错误\n" );
}
//savemoney()实现存款功能
savemoney()
{
struct accountusertemp;
   printf( "请输入您的ID号码:" );
char name[10];
int i;
scanf( "%d" ,&i);
sprintf(name, "%d.dat" ,i);
int fd=open(name,O_RDWR);
if(fd==-1)
   {
        printf( "用户不存在,请重新输入:\n" );
return;
   }
   printf( "请输入您的账户密码:\n" );
int pwd;
scanf( "%d" ,&pwd);
read(fd,&usertemp,sizeof(struct account));
if(pwd==usertemp.pwd){
lseek(fd,0,SEEK_SET);
read(fd,&usertemp,sizeof(struct account));
   printf( "请输入您的存款金额:\n" );
```

```
float xq=usertemp.money;
float m;
scanf( "%f" ,&m);
xq=xq+m;
usertemp.money=xq;
lseek(fd,0,SEEK_SET);
write(fd,&usertemp,sizeof(struct account));
lseek(fd,0,SEEK_SET);
read(fd,&usertemp,sizeof(struct account));
        printf( "您的最新存款余额:%.2f\n" ,usertemp.money);
}else
   printf( "您的密码错误!\n" );
}
//getmoney()实现取钱功能
getmoney()
{
struct accountusertemp;
printf( "请输入您的ID号码:\n" );
char name[10];
int i;
scanf( "%d" ,&i);
sprintf(name, "%d.dat" ,i);
int fd=open(name,O_RDWR);
if(fd==-1)
    {
        printf( "用户不存在,请重新输入:\n" );
return;
}
printf( "请输入您的账户密码:\n" );
int pwd;
scanf( "%d" ,&pwd);
read(fd,&qukuan,sizeof(struct account));
if(pwd==qukuan.pwd)
{
lseek(fd,0,SEEK_SET);
read(fd,&qukuan,sizeof(struct account));
printf( "请输入您的取款金额:\n" );
float xq=qukuan.money;
float m;
scanf( "%f" ,&m);
xq=xq-m;
        qukuan.money=xq;
lseek(fd,0,SEEK_SET);
write(fd,&qukuan,sizeof(struct account));
lseek(fd,0,SEEK_SET);
read(fd,&qukuan,sizeof(struct account));
    printf( "您的最新存款余额:%.2f\n" ,qukuan.money);
}else
    printf( "您的密码错误!\n" );
}
//zhuangzhang()实现转账功能
```

```
zhuanzhang()
{
struct account zhuanchu;
struct account zhuanru;
    printf( "请输入您的ID号码:\n" );
int i,j;
char name[10];
char name1[10];
scanf( "%d" ,&i);
sprintf(name, "%d.dat" ,i);
int fd=open(name,O_RDWR);
if(fd==-1){
    printf( "用户不存在,请输入正确账号\n" );
return;
  }
    printf( "请输入您想转账的用户ID\n" );
scanf( "%d" ,&j);
sprintf(name1, "%d.dat" ,j);
int fd1=open(name1,O_RDWR);
if(fd1==-1)
   {
    printf( "该用户不存在,请输入正确账户\n" );
return;
 }
   printf( "请输入您的转账金额:\n" );
read(fd,&zhuanchu,sizeof(struct account));
float zc=zhuanchu.money;
float m;
scanf( " %f " ,&m);
if(m>zc)
    {
     printf( "您的账户余额不足,请重新选择转账金额:\n" );

}else{
zc=zc-m;
    zhuanchu.money=zc;
lseek(fd,0,SEEK_SET);
write(fd,&zhuanchu,sizeof(struct account));
    }

lseek(fd,0,SEEK_SET);
read(fd1,&zhuanru,sizeof(struct account));
float zr=zhuanru.money;
zr=zr+m;
    zhuanru.money=zr;
lseek(fd1,0,SEEK_SET);
write(fd1,&zhuanru,sizeof(struct account));
  //   lseek(fd,0,SEEK_SET);
read(fd,&zhuanchu,sizeof(struct account));
    printf( "您的账户最新余额:%.2f\n" ,zhuanchu.money);
}
```

```
//xiaohu()实现销户功能
xiaohu()
{
struct account xiaohu;
  printf( "请输入您需要销户的账号ID:\n" );
int i;
char name[10];
scanf( "%d" ,&i);
sprintf(name, "%d.dat" ,i);
int fd=remove(name);
if(fd!=0){
    perror( "销户失败! \n" );
}else
    printf( "销户成功! \n" );
}
```

程序参考2:

```
#include <stdio.h>
#include <sys/types.h>
#include <sys/stat.h>
#include <fcntl.h>
#include <unistd.h>
#include <stdlib.h>
#include <string.h>
struct User{
char name[20];
char pwd[6];
float money;
}
kaihu(char name[] ,char pwd[]){
struct User user;
int fd=open(name,O_RDWR|O_CREAT|O_EXCL,0666);
if(fd==-1){
        printf( "用户已存在!\n" );
return;
    }
else
        printf( "开户成功!\n" );
strcpy(user.name,name);
strcpy(user.pwd,pwd);
    user.money=0;
write(fd,&user,sizeof(struct User));
close(fd);
}
struct User denglu(char name[] ,char pwd[]){
struct User user;
int fd=open(name,O_RDWR);
if(fd==-1){
        printf( "用户不存在!\n" );
close(fd);
return;
```

```
    }
read(fd,&user,sizeof(struct User));
close(fd);
if(strcmp(pwd,user.pwd)==0){
return user;
}else{
        printf( "密码错误!\n" );
return;
    }
}
void main(){
int a;
while(1){
    printf( "        ===        ===
    printf( "        ===    ===
    printf( "        =====
    printf( "        ==============
    printf( "            ===
    printf( "        ==============
    printf( "            ===
    printf( "            ===
    printf( "            ===
    printf( "        =================
    printf( "   =====================
    printf( " =====================
    printf( "=====================
    printf( "|| 欢迎使用迷你ATM机 ||
    printf( "||        1.开户      ||
    printf( "||        2.登录      ||
    printf( "=====================
    printf( "请选择业务,输入其他数字退出." );
    scanf( "%d" ,&a);
    if(a>2)
    break;
    switch(a){
    case 1:
            printf( "开户>>\n" );
        char name[20];
        char pwd[6];
float money;
        printf( "请输入用户名:" );
        scanf( "%s" ,name);
        printf( "请输入密码:" );
        scanf( "%s" ,pwd);
        kaihu(name,pwd);
        break;
    case 2:
        printf( "登录>>\n" );
        printf( "请输入用户名:" );
        scanf( "%s" ,name);
        printf( "请输入密码:" );
```

```
        scanf( "%s" ,pwd);
    struct User user;
        user=denglu(name,pwd);
    if(strcmp(name,user.name)==0)
                {
    int fd=open(name,O_RDWR);
            int b=1;
    while(1)
                {
    if(b==0)
    break;
    printf("    ===      ===       : ∴★∵ * *☆. ∴★∵ * * ☆. \n " );
            printf( "     ===   ===                    . ☆. ∵★∵∴☆.
\n " );

            printf( "       =====                        . * ☆. ∴★∵. \n " );
            printf( "     ===============                . ★∵∴☆.
★∵∴. \n " );

            printf( "          ===                       . ★∵∴☆. ★ ..**. \
n " );

            printf( "    ===============                 . ★★∵∴☆
. ★ *☆. \n " );

            printf( "          ===                       . ★∵∴☆. ★ ..**. \
n " );

            printf( "          ===                       . ★∵∴☆.
★∵∴. \n " );

            printf( "          ===                       . ★∵∴☆. ★ ..**. \
n " );

            printf( "    =================                . ★★∵∴☆.
★ *☆. \n " );

            printf( " ====================                . ★∵∴☆. ★∵∴. \n
" );

            printf( " ===================                 . ★∵∴☆. ★
..**. \n " );

            printf( "=====================                 . ★★∵∴☆. ★ *☆.
\n " );

            printf( "|| 欢迎使用迷你ATM机   ||                 . ★∵∴☆.
★∵∴. \n " );

            printf( "||       1.查询       ||                . ★∵∴☆. ★ ..**. \
n " );

            printf( "||       2.存款       ||                . ★★∵∴☆.
★ *☆. \n " );

            printf( "||       3.取款       ||               . ★∵∴☆. ★∵∴. \n
" );

            printf( "||       4.转账       ||                . ★∵∴☆. ★
..**. \n " );

            printf( "||       5.销户       ||               . ★★∵∴☆. ★ *☆.
\n " );

            printf( "=====================                 . ~~~~~*^_^* \n "
);
            printf( "请选择业务,输入其他数字退出." );
    scanf( "%d " ,&a);
```

```
        if(a>5)
            break;
        switch(a){
            case 1:
                    printf( "查询>>\n" );
        printf( "====================\n" );
                    printf( "||余额:%f||\n" ,user.money);
        printf( "====================\n" );
break;
            case 2:
                printf( "存款>>\n" );
                    printf( "请输入金额:" );
        scanf( "%f" ,&money);
                            user.money+=money;
            break;
            case 3:
                printf( "取款>>\n" );
                    printf( "请输入金额:" );
        scanf( "%f" ,&money);
if(user.money>=money)
user.money-=money;
else
            printf( "余额不足!" );
            break;
            case 4:
                printf( "转账>>\n" );
        printf( "请输对方用户名:" );
            char name1[20];
    scanf( "%s" ,name1);
         printf( "请输入金额:" );
            scanf( "%f" ,&money);
if(user.money>=money){
user.money-=money;
int fd1=open(name1,O_RDWR);
if(fd1==-1)
                        {
printf( "用户不存在!\n" );
close(fd1);
break;
}
struct User user1;
read(fd1,&user1,sizeof(struct User));
                        user1.money+=money;
lseek(fd1,0,SEEK_SET);
write(fd1,&user1,sizeof(struct User));
close(fd1);
}
else
        printf( " 余额不足! " );
break;
        case 5:
```

```
                             printf( " 销户>>\n " );
remove(name);
                                    b=0;
            break;
            default:
            printf("XXXXXXXXXX\n");
            break;
            }
        }
lseek(fd,0,SEEK_SET);
write(fd,&user,sizeof(struct User));
close(fd);
break;
            }
        }
}
printf( "  " );
}
```

7.6 小结

本章主要介绍了关于文件及文件系统的概念。对文件的基本 I/O 操作函数进行了详细介绍，重点是对文件的创建、读、写以及使用 lseek 函数实现文件的随机存取功能。每个函数都附有实例并有详细的解析，理论和实例相结合有助于初学者对知识点理解得更加到位。

另附有综合性质的项目实战，并给出了完整的代码。

◈◈ 习 题 ◈◈

一、填空题

1. 创建或打开文件的系统调用函数是_____；打开目录文件的函数是_____。

2. 对文件的加锁操作需要调用的函数是_____。

3. 假设当前目录下有一文件"a.txt"，若以追加的方式打开，则正确的函数调用为_____。

4. lseek 函数中有一参数为偏移量，偏移量以_____为单位。

5. 符号常量 S_IRUSR 表示的权限许可为_____。

二、选择题

1. _____函数是将内存中的数据写入到文件中。

(A) read   (B) open   (C) write   (D) create

2. _____函数是从文件中读取数据到内存中。

(A) read   (B) open   (C) write   (D) create

3. 对一个已经打开的目录进行读取时，需要调用的函数是_____。

(A) opendir　　　　　　(B) mkdir　　　　　　　(C) readdir　　　　　　　(D) open

4. 在 Linux 中，所有对文件的操作都是通过_____来进行的。

(A) 文件描述符　　　　(B) 文件名　　　　　　(C) 文件路径　　　　　　(D) 文件权限

5. 关于文件锁，下列说法错误的是_____。

(A) 文件锁既能锁住文件的一部分，又能锁住整个文件

(B) 文件锁也能锁目录文件

(C) 为了锁住整个文件，锁区的长度参数必须设置为 0

(D) 文件锁实际上是一种 struct flock 结构体类型的数据

三、上机题

1. 创建 file1.txt，并写入内容，最后将其复制到 file2.txt，并读取 file2.txt 输出。

2. 循环递归打印出指定目录下 (包括子目录中) 的所有文件的文件名。

3. 编写一程序，打开一个文本文件，将文件中的小写字母转换为大写字母，其他字符不变。

第 8 章

shell

脚本的开发

　　为了能够驱动计算机硬件资源，需要借助操作系统，而操作系统的核心（kernel）是需要被保护起来的，这个"保护层"就叫作 shell。本章讲解 shell 的编程基础、管道和重定向以及 shell 脚本的语法。

8.1　shell 编程基础

shell 作为 Linux 中与操作系统核心交互的用户接口，它类似于 DOS 系统中的 command.com，它的作用是把用户的输入解释成 Linux 内核能够读懂并执行的命令，但是 Linux shell 不仅仅是命令解释器，它还具有更加强大的功能，诸如在不同的输入和输出的重定向以及在并行程序间进行数据的管道传递等，作为一种编程语言，它同样具有条件判断、循环以及函数。

既然 shell 是与内核交互接口的代名词，那么具体到 Linux 中，可供使用的 shell 叫作什么呢？我们可以通过查看 /etc/shells 文件的内容获取当前 Linux 系统中已经安装的 shell 版本，代码如下：

```
$ cat /etc/shells
/bin/sh
/bin/bash
/bin/csh
```

其中：

/bin/sh 由 Steven Bourne 编写，全名 Bourne Shell，简称 shell。

/bin/bash Bourne Again Shell，简称 bash，是 Bourne Shell 的增强版，也是 Linux 系统中的默认 shell。

/bin/csh 由 Sun 公司创始人 Bill Joy 编写，并运用在 BSD 版 UNIX 中，语法类似于 C 语言，所以简称 csh。

符号 $ 是命令提示符号，在 $ 后面输入命令并按下 Enter 键，shell 就执行用户输入的命令，上面查看 shell 时用到的 cat 就是命令。在 Linux 中命令就是可执行程序，不同的命令可完成不同的任务，再来看一个例子：

```
$ pwd
/home/nc
```

输入命令 pwd，shell 返回当前目录为 /home/nc。

8.2　管道和重定向

前面已经执行过一些命令了，这些命令从终端获取输入，执行完毕后，会向终端窗口返回一些信息。这些信息就是 "输出"，是命令打印在标准输出（Standard Output 或 STDOUT）上的输出，有时某些命令也会产生出错信息，这种出错信息不输出到标准输出上，而是写到一种特殊的输出上，被称为标准错误输出（Standard Error 或 STDERR）。

8.2.1　输出重定向

有时不仅需要向标准输出上打印内容，还需要把命令的输出结果保存在文件中，这就需要输出重定向了，主要格式有两种：

（1）command > file——把命令 command 的输出重定向到 file 文件中，如果 file 文件不存在则创建它，如果已经存在则覆盖它的内容。

（2）command >> file——把命令 command 的输出加到 file 文件的尾部，如果 file 文件不存在则创建它，这种格式避免了 file 文件中已有内容因为被覆盖而丢失。

运行命令 echo，向终端输出字符串 hello：

```
[RHE@bogon /]$ echo hello
hello
```

现在将字符串重定向到 /tmp/hello 文件中，并查看此文件的内容：

```
[RHE@bogon /]$ echo hello > /tmp/hello
[RHE@bogon /]$ cat /tmp/hello
hello
```

再来看一下第二种重定向输出格式的效果：

```
[RHE@bogon /]$ echo add to the end >>/tmp/hello
[RHE@bogon /]$ cat /tmp/hello
hello
add to the end
```

可见字符串 "add to the end" 被加到了文件 hello 的尾部，这种格式的输出重定向可以应用在诸如日志文件的保存中。

8.2.2 输入重定向

类似于输出重定向的格式，输入重定向格式为：

```
command < file
```

file 文件的内容作为 command 的输入。

8.2.3 管道

使用管道操作符 "|"，可以将一个命令的输出重定向为另一个命令的输入，格式为：

```
command1 | command2 ……
```

则此时 command1 的输出就重定向为 command2 的输入了，例如想让命令的输出分页显示就可以运用管道命令：

```
[RHE@bogon ~]$ ps -ale | more
F S   UID   PID  PPID  C PRI  NI ADDR SZ WCHAN  TTY          TIME CMD
4 S     0     1     0  0  75   0 -  515 -       ?        00:00:02 init
1 S     0     2     1  0 -40   - -    0 -       ?        00:00:00 migration/0
1 S     0     3     1  0  94  19 -    0 -       ?        00:00:00 ksoftirqd/0
5 S     0     4     1  0 -40   - -    0 -       ?        00:00:00 watchdog/0
5 S     0     5     1  0  70  -5 -    0 -       ?        00:00:00 events/0
```

```
1 S    0      6    1  0  70  -5 -    0 -       ?       00:00:00 khelper
1 S    0      7    1  0  71  -5 -    0 -       ?       00:00:00 kthread
1 S    0      9    7  0  70  -5 -    0 -       ?       00:00:00 xenwatch
1 S    0     10    7  0  70  -5 -    0 -       ?       00:00:00 xenbus
1 S    0     12    7  0  70  -5 -    0 -       ?       00:00:00 kblockd/0
1 S    0     13    7  0  80  -5 -    0 -       ?       00:00:00 kacpid
1 S    0     74    7  0  80  -5 -    0 -       ?       00:00:00 cqueue/0
1 S    0     78    7  0  70  -5 -    0 -       ?       00:00:00 khubd
1 S    0     80    7  0  79  -5 -    0 -       ?       00:00:00 kseriod
1 S    0    134    7  0  85   0 -    0 -       ?       00:00:00 pdflush
1 S    0    135    7  0  75   0 -    0 -       ?       00:00:00 pdflush
1 S    0    136    7  0  80  -5 -    0 -       ?       00:00:00 kswapd0
1 S    0    137    7  0  80  -5 -    0 -       ?       00:00:00 aio/0
1 S    0    281    7  0  71  -5 -    0 -       ?       00:00:00 kpsmoused
1 S    0    311    7  0  78  -5 -    0 -       ?       00:00:00 scsi_eh_0
1 S    0    314    7  0  78  -5 -    0 -       ?       00:00:00 ata/0
1 S    0    315    7  0  78  -5 -    0 -       ?       00:00:00 ata_aux
--More--
```

8.3 shell 脚本的语法

shell 有两种运行模式：

（1）交互式（interactive mode），在命令行中直接输入 shell 脚本内容。

（2）非交互式（noninteractive mode），shell 执行保存在文件中的内容，这个文件就是 shell 脚本，是一个命令列表，类似于 DOS 中的批处理文件（.bat 文件）。

与 Windows 系统不同，在 Linux 系统中文件是否可以被执行并不取决于它的后缀名，事实上很大一部分文件并没有后缀名，为了使 shell 脚本可以运行，要做到两点：赋予脚本可执行权限；运行脚本时使用正确的 shell。

例 8-1 设计一个脚本向终端打印字符串 "this is a shell script"。程序如下：

```
#!/bin/sh
echo this is a shell script
exit 0
```

脚本第一行代码：

用于定义使用哪种 shell 解释器来解释脚本，目前主要有以下两种方式：#！/bin/sh 和 #！/bin/bash。

（1）将脚本文件作为 shell 命令解释器参数，在终端输入完整命令。

输入命令："[root@bogon 2]# /bin/sh ch2-1"

脚本运行结果："this is a shell script"

（2）以脚本文件的文件名运行，这时就需要赋予此文件可执行的权限，用命令 chmod 实现。以下举例说明。

```
[root@bogon 2]# chmod 755 ch2-1
```

此时在保存这个脚本文件的目录下用命令 ./ch2-1 就可以运行此脚本了：

```
[root@bogon 2]# ./ch2-1
this is a shell script
```

需要注意的是：脚本中的最后一行"exit 0"，表示脚本运行成功后返回一个退出码。在 shell 程序中，0 代表成功，这是与 C 语言以及其他程序设计语言不同的地方，在以后的 shell 设计中也需要特别注意。

8.3.1 变量

变量（variable）就是用一个特定的字符串代替不固定的内容，这个特定的字符串就是变量名，而它所代替的内容就是变量的值。

1. 变量的使用

（1）在 shell 中，当给一个变量赋值时就可以使用它了，而不需要事先声明变量，变量名只能包含字母（a~z，A~Z）、数字（0~9）或者下划线（_），而且变量名只能以字母或者下划线开头。

（2）变量名和变量的值用"="连接，在给变量赋值时，会默认保存为字符串类型，如 myname=RHE，如果变量的值中间出现空格，则需要用引号括起来，如 myname="RHE Linux"。

(3) 要想访问变量中存储的值，要在变量名前加符号"$"。如可用 echo 向终端显示出变量的值。

```
[root@bogon ch2]# myname=RHE
[root@bogon ch2]# echo $myname
RHE
```

(4) 如果变量的值中含有诸如 $、空格符等特殊符号时，可用转义符号"\"来使其变成一般字符。

(5) 删除变量的方法是用 unset 命令。例如：

```
[root@bogon ch2]# unset myname
[root@bogon ch2]# echo $myname
```

删除了变量 myname 之后，再次试图读取它的值时，会返回空值。

2. 环境变量

当前的环境中已经预设好了一些变量，称为环境变量（environment variable），这些变量是在整个当前 shell 中都能使用的变量。环境变量通常用大写字母来表示，诸如 HOME、PATH 等。可以通过 env 命令来查看当前 shell 环境中的所有环境变量。例如：

```
[root@bogon ch2]# env
HOSTNAME=bogon
TERM=xterm
SHELL=/bin/bash
HISTSIZE=1000
KDE_NO_IPV6=1
QTDIR=/usr/lib/qt-3.3
OLDPWD=/tmp/shellcode
QTINC=/usr/lib/qt-3.3/include
SSH_TTY=/dev/pts/0
USER=root
LD_LIBRARY_PATH=/usr/local/src/libmcrypt-2.5.8
LS_COLORS=no=00:fi=00:di=00;34:ln=00;36:pi=40;33:so=00;35:bd=40;33;01:cd=40;33;01:or
```

```
=01;05;37;41:mi=01;05;37;41:ex=00;32:*.cmd=00;32:*.exe=00;32:*.com=00;32:*.btm=00;32:*.
bat=00;32:*.sh=00;32:*.csh=00;32:*.tar=00;31:*.tgz=00;31:*.arj=00;31:*.taz=00;31:*.
lzh=00;31:*.zip=00;31:*.z=00;31:*.Z=00;31:*.gz=00;31:*.bz2=00;31:*.bz=00;31:*.tz=00;31:*.
rpm=00;31:*.cpio=00;31:*.jpg=00;35:*.gif=00;35:*.bmp=00;35:*.xbm=00;35:*.xpm=00;35:*.
png=00;35:*.tif=00;35:
    KDEDIR=/usr
    MAIL=/var/spool/mail/root
    PATH=/usr/lib/qt-3.3/bin:/usr/kerberos/sbin:/usr/kerberos/bin:/usr/local/sbin:/usr/
local/bin:/sbin:/bin:/usr/sbin:/usr/bin:/root/bin:.
    INPUTRC=/etc/inputrc
    PWD=/tmp/shellcode/ch2
    JAVA_HOME=/usr/java/jdk1.6.0_11
    LANG=zh_CN.UTF-8
    KDE_IS_PRELINKED=1
    SSH_ASKPASS=/usr/libexec/openssh/gnome-ssh-askpass
    SHLVL=1
    HOME=/root
    LOGNAME=root
    QTLIB=/usr/lib/qt-3.3/lib
    CVS_RSH=ssh
    LESSOPEN=|/usr/bin/lesspipe.sh %s
    G_BROKEN_FILENAMES=1
    _=/bin/env
```

表 8-1 中列出了一些环境变量及其作用。

表 8-1　环境变量

环境变量名称	说　明
$HOME	当前用户的主目录
$SHELL	当前默认的 shell
$IFS	输入域分隔符，通常是空格
$MAIL	命令搜索路径，用冒号分隔开的目录清单
$#	传递给脚本的参数个数

当然也可以像查看一般变量那样，用 echo 来查看某个环境变量的值。例如：

```
[root@bogon ch2]# echo $PATH
/usr/lib/qt-3.3/bin:/usr/kerberos/sbin:/usr/kerberos/bin:/usr/local/sbin:/usr/local/
bin:/sbin:/bin:/usr/sbin:/usr/bin:/root/bin:.
```

8.3.2　程序结构

Shell 作为一种程序设计语言，同样要遵从结构化程序设计思想，利用顺序、选择、循环这三种基本控制结构来构造程序。

1. if 语句

按照一个给定的条件的真（返回代码为 0）或假（返回代码为非 0 值）去执行相应的动作，if 语句的基本语法如下：

```
if condition1
then
statement1
elif condition2
then
    statement2
else
    statement3
fi
```

在 if 语句中，常用 test 命令来测试条件，test 的另一种格式是"["，为了增加可读性再加上"]"作为结尾，由于"["也是一个命令，所以符号"["与被测试条件之间要有一个空格符号。

可用 test 进行测试的条件有三类：字符串比较、数字比较和文件测试。

字符串比较，如表 8-2 所示。

表 8-2　字符串比较

操作符	描　述
-z string	若字符串 string 长度为 0，则为真
-n string	若字符串 string 长度不为 0，则为真
string1 = string2	若两个字符串相同，则为真
string1 != string2	若两个字符串不同，则为真

数字比较，如表 8-3 所示。

表 8-3　数字比较

操作符	描　述
int1 -eq int2	若 int1 等于 int2，则为真
int1 -ne int2	若 int1 不等于 int2，则为真
int1 -lt int2	若 int1 小于 int2，则为真
int1 -le int2	若 int1 小于等于 int2，则为真
int1 -gt int2	若 int1 大于 int2，则为真
int1 -ge int2	若 int1 大于等于 int2，则为真
!expr	若表达式 expr 为假，测试表达式则为真

文件测试，如表 8-4 所示。

表 8-4　文件测试

操作符	描　述
-b file	若 file 存在且是一个块文件，则为真
-d file	若 file 存在且是一个目录，则为真
-e file	若 file 存在，则为真
-g file	若文件存在且 SGID 位被设置，则为真

续表

操作符	描　述
-r file	若文件存在且可读，则为真
-s file	若文件存在且长度大于 0，则为真
-u file	若文件存在且 SUID 位被设置，则为真
-w file	若文件存在且可写，则为真
-x file	若文件存在且可执行，则为真

例 8-2　一个字符串比较的例子。

```
#!/bin/sh
echo " have you ever learnt any programing language? "
read theanswer
if [ " $theanswer " = " yes " ]
then
        echo " great!shell should be easy for you "
elif [ " $theanswer " = " no " ]
then
        echo "that's ok,don't worry"
else
        echo " i can't quite follow you,please tell me yes or no "
fi
exit 0
```

if 和 elif 必须与 then 成对出现，也可以采取单行模式，中间要用 ";" 隔开。用 read 读取用户从终端输入的字符串，并且保存在变量 theanswer 中，按照用户输入 yes、no 或者其他字符串的情况向终端显示不同的信息。如下例所示。

```
[root@bogon ch2]# ./ch2-2
have you ever learnt any programing language?
yes
great!shell should be easy for you
[root@bogon ch2]# ./ch2-2
have you ever learnt any programing language?
no
that ' s ok,don ' t worry
[root@bogon ch2]# ./ch2-2
have you ever learnt any programing language?
s
i can ' t quite follow you,please tell me yes or no
```

2. case 语句

case 语句是一种按照匹配条件去执行相应一条或多条相关语句的控制格式，它的基本语法如下：

```
case value in
    pattern1
        command
        …
```

```
commadn;;
    pattern2)
        command
        …
commadn;;
        …
        ptternn)
        command
        …
commadn;;
    esac
```

用字符串 value 去和每一个模式 pattern 进行比较，直到有一个匹配为止，然后执行此 pattern 后面的所有命令，直到 ";;"，跳转到整个 case 语句的末尾。

例 8-3　一个 case 语句的实例，模拟信息查询系统的欢迎界面：

```
#!/bin/sh
echo hello what can i do for you ? input the number of the service which you need
please:
echo 1 check the fight information ;
echo 2 air transport service ;
echo 3 other service ;
read userrequire
case " $userrequire " in
1) echo " ****** fight information ****** "  ;;
2) echo " ****** air transport service ****** "  ;;
3) echo " ****** other service ****** " ;;
esac
exit 0
```

3. while 语句
通常情况下，如果需要对一个变量进行重复操作，就需要用到 while 循环语句，它的基本语法如下：

```
while condition
do
command list
done
```

首先执行 condition，如果成功执行（返回码为 0），那么就执行 do 和 done 之间的命令列表 command list 中的所有命令，然后再次执行 condition，如果成功执行，则再次执行 do 和 done 之间的 command list，按照此过程循环执行下去，直到 condition 不能成功执行为止。此时退出本 while 循环，继续执行 done 之后的代码。

例 8-4　下面通过一个数值递增的例子来理解 while 循环的工作机制：

```
#!/bin/sh
echo input the times of the loop that you want
read loopno
loopi=1
while [ " $loopi "  -le  " $loopno "  ]
do
```

```
         echo  " run for $loopi times "
         loopi=$(($loopi + 1))
done
exit 0
```

其中的 loopi=$(($loopi + 1)) 语句，是在对循环变量 loopi 进行值的累加。在 shell 中，用 $(()) 来进行数值计算，即变量 =$((数学表达式))。在这个实例中，通过在终端读入用户输入的循环次数这一变量 loopno，然后令初值为 1 的循环变量 loopi 与 loopno 进行数值比较，只要 loopi 小于等于 loopno 就再次循环。运行这个实例时如果输入循环次数为 4，则运行结果如下：

```
[root@bogon ch2]# ./ch2-4
input the times of the loop that you want
4
run for 1 times
run for 2 times
run for 3 times
run for 4 times
```

4. until 语句

while 可以描述为"当某条件为真时，则进入循环，执行某些命令，直到此条件不为真为止"，而 until 恰好与之相反，"直到某条件为真时，则终止循环，不再执行某些命令，否则就继续进行循环"，它的基本语法如下：

```
until condition
    do
        command list
    done
```

例 8–5 为了清楚地区分 until 与 while，把 ch2-4 稍微修改一下，得到如下实例：

```
#!/bin/sh
echo input the times of the loop that you want
read loopno
loopi=1
until [  " $loopi "  -gt  " $loopno " ]
do
            echo  " run for $loopi times "
            loopi=$(($loopi + 1))
done
exit 0
```

可以看出，对于相同的操作，while 和 until 的区别就在于条件判断是正好相反的。

5. for 语句

与 while 语句和 until 语句那种需要满足某种条件而进行循环不同，for 语句循环次数是事先就已经固定的，基本语法是：

```
for var in value1 value2 … valuen
do
    command list
done
```

当脚本执行到 for 语句时，首先把 value1 的值赋给 var，然后执行一次循环体 command list 中的语句，然后再次回到循环入口处，再把 value2 的值赋给 var，再次执行一次循环体 command list 中的语句，重复上述过程，直到把 value*n* 的值赋给 var 执行循环体，之后退出循环，循环执行的次数取决于 in 后面列表中词的个数。

例 8-6　用一个实例来查看 for 语句的执行过程。

```
#!/bin/sh
for i in 1 2 3
do
    echo $i
done
exit 0
```

8.3.3 函数

与其他程序语言相类似，shell 脚本中也有函数（function）的概念，一段独立的程序代码，可以完成某项比较完整的任务，在大型程序中可以引用函数。在引用函数之前，首先要定义函数，一般格式为：

```
function_name ( ) {  command list ; }
```

其中 function_name 为函数名，小括号用以告知 shell 此处为函数定义，大括号中的命令列表为函数体。需要注意的是，"{"和函数体之间至少要由一个空格符隔开，函数体最后一条命令如果和"}"在同一行，则需要由分号隔开。由于 shell 脚本的执行方式是由上到下、从左至右，所以函数的定义一定要在整个 shell 脚本的最开始位置，这样在脚本运行的过程中，执行到函数的调用时才能成功。

例 8-7　下面看一个简单的函数实例，用于查看当前登录用户的个数。

```
#!/bin/sh
userno ( ) {  who | wc -l ; }
userno

exit 0
```

8.3.4 命令及其执行

在 Linux 系统中，命令即为可执行程序，要运行某个命令，需要在 shell 中输入命令，并按下 Enter 键。下面详细介绍一些常用命令。

1. break 和 continue 命令

这两个命令都可以用于中断 for 和 while 循环，break 命令跳出循环，然后继续执行，而 continue 跳出本次循环，跳到循环开始处继续执行循环。

例 8-8　下面用一个实例来演示 break 和 continue 二者的区别。

```
#!/bin/sh
for i in 1 2 3
do
```

```
        echo continue is working for $i times
        continue
        echo continue is not working
done
for j in 1 2 3
do
        echo break is working for $j times
        break
        echo break is not working
done
echo this is how continue and break work

exit 0
```

因为 continue 是跳出本次循环，然后跳到循环开始处再次执行循环，所以会执行循环体中 "continue" 之前的代码，而 break 会直接跳出循环，执行后面的代码。运行本实例的结果如下：

```
[root@bogon 2]# ./ch2-8
continue is working for 1 times
continue is working for 2 times
continue is working for 3 times
break is working for 1 times
this is how continue and break work
```

2. echo 命令

echo 命令在前面已经多次用过了，用于在终端上显示输入的字符串。

3. eval 命令

eval 命令使用格式通常为 eval command。command 为一条命令，在它前面的 eval 命令使得 shell 执行时扫描命令序列两次，所以 eval 命令通常使用在 command 中有变量替换的情况中。如果命令序列只扫描并执行一次，那么变量替换就会报错，如果使用 eval 命令，则 shell 第一次执行扫描命令行时实现变量替换，第二次执行扫描时就是正常执行一条命令了。通过下面的例子来分析 eval 的执行过程：

```
[root@bogon 2]# ls -al|wc -l
14
[root@bogon 2]# pipe= " | "
[root@bogon 2]# ls -al $pipe wc -l
ls: |: 没有那个文件或目录
ls: wc: 没有那个文件或目录
[root@bogon 2]# eval ls -al $pipe wc -l
14
```

执行一条复合命令 ls -al|wc –l，显示出共有多少行，结果为 14，此时定义变量 pipe 为管道符号 "|"，如果直接执行 ls -al $pipe wc –l，因为 shell 只扫描并执行一次，所以并不对 $pipe 进行变量替换，但是如果加上了命令 eval，则会使 shell 对命令序列 eval ls -al $pipe wc –l 扫描并执行两次，第一次对 $pipe 进行变量替换，第二次就可以看作是执行命令 ls -al|wc –l 了，那么就在终端成功地显示了结果 "14"。

4. export 命令

在前面已经用过 env 命令来查看当前所有的环境变量，export 命令也可以用来查看当前环境变量，但是 export 命令还有一个更重要的用途，就是把自定义变量导出为环境变量，其语法格式为：

```
name=value
export name
```

5. set 命令

在 shell 中变量类型很多，如自定义变量、环境变量以及与操作接口有关的变量，用 set 命令就可以列出 shell 中的所有变量。另外 set 命令还有一个用途，就是把输出设置为参数列表，进而可以更加灵活地使用输出内容中的某些部分。

8.3.5 调试脚本

对于较短的脚本，通过检查它们的输出就可以完成调试工作；对于较大的 shell 脚本，可以给 shell 加上命令行选项或者使用 set 命令，其各种选项见表 8-5。

表 8-5　set 命令选项

命令行选项	set 选项	描　　述
-n	set –o noexec set -n	只检查语法错误，不执行命令
-v	set –o verbose set –v	在执行命令之前回显它们
-x	set –o xtrace set –x	在处理完命令之后回显它们
-u	set –o nounset set –u	如果使用了未定义的变量，就给出出错消息

在开发较为复杂的 shell 脚本时，需要及时发现和修复其中存在的缺陷，通过使用 shell 提供的工具，可使调试 shell 脚本的任务变得轻松，读者可以修复自己的脚本以及维护其他脚本程序。

8.4　shell 脚本设计示例

现在，已经介绍了 shell 的所有主要功能，下面运用这些功能来编写一些在日常工作中经常用到的脚本程序。

8.4.1 查看主机网卡流量

例 8-9　while 的用法。

```
/*演示程序ch2-9 */
#!/bin/bash
#network
while : ; do
    time= ' date +%m " - " %d " " %k " : " %M '
    day= ' date +%m " - " %d'
    rx_before= ' ifconfig eth0|sed -n " 8 " p|awk  ' {print $2} ' |cut -c7- '
    tx_before= ' ifconfig eth0|sed -n " 8 " p|awk  ' {print $6} ' |cut -c7- '
```

```
sleep 2
rx_after= ' ifconfig eth0|sed -n " 8 " p|awk ' {print $2} ' |cut -c7- '
tx_after= ' ifconfig eth0|sed -n " 8 " p|awk ' {print $6} ' |cut -c7- '
rx_result=$[(rx_after-rx_before)/256]
tx_result=$[(tx_after-tx_before)/256]
echo " $time Now_In_Speed: " $rx_result "kbps Now_OUt_Speed: "$tx_result" kbps "
sleep 2
done
```

8.4.2 监控 CPU 和内存的使用情况

例 8–10　监控 CPU 和内存使用情况实例。

```
#!/bin/bash
#script to capture system statistics
OUTFILE=/home/xu/capstats.csv
DATE= ' date +%m/%d/%Y '
TIME= ' date +%k:%m:%s '
TIMEOUT= ' uptime '
VMOUT= ' vmstat 1 2 '
USERS= ' echo $TIMEOUT | gawk ' {print $4} ' '
LOAD= ' echo $TIMEOUT | gawk ' {print $9} ' | sed " s/,// ' '
FREE= ' echo $VMOUT | sed -n ' /[0-9]/p ' | sed -n ' 2p ' | gawk ' {print $4} '
IDLE= ' echo $VMOUT | sed -n ' /[0-9]/p ' | sed -n ' 2p ' |gawk ' {print $15} ' '
echo " $DATE,$TIME,$USERS,$LOAD,$FREE,$IDLE "  >> $OUTFILE
```

8.4.3 查找日期为某一天

例 8–11　查找日期。

```
#!/bin/sh
# The right of usage, distribution and modification is here by granted by the author.
#
OK=0
A= ' find $1 -print`
if expr $3 == 1 >;/dev/null ; then M=Jan ; OK=1 ; fi
if expr $3 == 2 >;/dev/null ; then M=Feb ; OK=1 ; fi
if expr $3 == 3 >;/dev/null ; then M=Mar ; OK=1 ; fi
if expr $3 == 4 >;/dev/null ; then M=Apr ; OK=1 ; fi
if expr $3 == 5 >;/dev/null ; then M=May ; OK=1 ; fi
if expr $3 == 6 >;/dev/null ; then M=Jun ; OK=1 ; fi
if expr $3 == 7 >;/dev/null ; then M=Jul ; OK=1 ; fi
if expr $3 == 8 >;/dev/null ; then M=Aug ; OK=1 ; fi
if expr $3 == Array >;/dev/null ; then M=Sep ; OK=1 ; fi
if expr $3 == 10 >;/dev/null ; then M=Oct ; OK=1 ; fi
if expr $3 == 11 >;/dev/null ; then M=Nov ; OK=1 ; fi
if expr $3 == 12 >;/dev/null ; then M=Dec ; OK=1 ; fi
if expr $3 == 1 >;/dev/null ; then M=Jan ; OK=1 ; fi
```

```
if expr $OK == 1 >; /dev/null ; then
ls -l --full-time $A 2>;/dev/null | grep " $M $4 "  | grep $2 ;
else
        echo Usage: $0 path Year Month Day;
        echo Example: $0 ~ 1ArrayArray8 6 30;
fi
```

8.5　小结

本章学习了 shell 脚本的开发,通过许多示例程序可以看到 shell 是一种具有强大功能的程序设计语言,能够调用其他程序并对输出进行操作处理，这使得它足以应对文本和文件处理。

---------------------------------- ◇◇ 习 题 ◇◇ ----------------------------------

一、填空题

1. 在 Linux 系统中，类似于 DOS 系统中的 command.com 用于与操作系统核心交互的用户接口的是_____。

2. Linux 系统中管道符号用_____来表示，用途是将一个命令的输出_____另一个命令的输出。

3. shell 有_____、_____两种运行模式。

4. shell 程序设计中要想访问变量中存储的值，要在变量名前加符号_____。

二、上机题

1. 编写一个程序，用于计算"还有多少天过生日"。

2. 编写一个小程序，要求使用者输入一个数字 n，此时程序进行 1+2+3+……+n 的累加。

3. 编写一个小程序，当执行它时显示：当前身份和所在目录。

第 9 章

进程管理

Linux 操作系统是一个多任务的操作系统，多任务的特征体现在进程的管理上。本章主要介绍 Linux 系统下的进程控制管理，包括进程的基本概念、进程调度、创建新进程、执行进程、终止进程等与进程管理有关的系统函数的使用方法和技巧。

9.1 进程概述

9.1.1 进程的概念

进程已经成为并发程序设计中一个非常重要的概念，它起源于 20 世纪 60 年代，对于进程的定义目前尚未统一。但大体上有下面两种说法。

狭义定义：进程就是一段程序的执行过程。

广义定义：进程是一个具有一定独立功能的程序的一次运行活动。它是操作系统动态执行的基本单元，在传统的操作系统中，进程既是基本的分配单元，也是基本的执行单元。

进程在其生存期内有三种基本状态。

（1）运行态：进程占用 CPU 资源正在运行。

（2）就绪态：进程已经具备执行的一切条件，正在等待分配 CPU 的处理时间片。

（3）等待态：进程不能使用 CPU，若等待事件发生（等待的资源分配到）则可将其唤醒。

进程在这三种状态下的切换对于用户是透明的。

进程是一个程序的一次执行过程，同时也是资源分配的最小单元。它和程序是有本质区别的，程序是静态的，它是一些保存在磁盘上的指令的有序集合，没有任何执行的概念；而进程是一个动态的概念，它是程序执行的过程，包括动态创建、调度和消亡的整个过程。它是程序执行和资源管理的最小单位。

9.1.2 进程 ID

在 Linux 中，每个进程都有一个唯一的非负整数表示的进程 ID（Process ID），系统会根据这些进程 ID 来对其进行管理。除了进程 ID 外，每个进程还有其他标识符。表 9-1 列出了获得进程 ID 及其他标识符的函数。

表 9-1　获取进程标识符的函数

函数原型	返回值
pid_t getpid(void);	函数调用进程的进程 ID
pid_t getppid(void);	进程的父进程的 ID
pid_t getuid(void);	调用进程的实际用户的 ID
pid_t geteuid(void);	调用进程的有效用户 ID
pid_t getgid(void);	调用进程的实际组的 ID
pid_t getegid(void);	调用进程的有效组 ID

需要注意的是：表 9-1 中的函数都没有出错返回，在 9.2.3 节中将进一步讨论进程的父进程的 ID。

9.1.3 进程调度

进程启动的方式有两种，一种是手工启动进程，例如，在终端输入 shell 命令，实际上就是启动了相应的进程；另一种是通过调度来启动进程。Linux 下进程调度分为 at 调度、cron 调度和 batch 调度。batch 调度和 at 调度类似，所以本节主要介绍 at 调度和 cron 调度。

1.at 调度

用户可以使用 at 调度使进程在指定的时刻被启动。

语法格式：at [选项] [时间]

主要选项说明：

[-l] 显示等待执行的调度任务。

[-d] 该选项后的参数是 at 调度任务号，作用是删除指定的调度任务。

时间有以下三种表示方式。

(1) 绝对计时。

绝对计时法默认采用 24 小时计时制。若采用 12 小时计时制。则在时间后面加上 AM 或 PM。

日期表示方法：MMDDYY、MM/DD/YY、DD.MM.YY。

其中，日期必须写在具体时间之后。年份可用两位数，也可以用四位数。

(2) 相对计时。

相对计时法是指从现在开始的时间间隔。表示方法：now+ 时间间隔。时间单位可以是 minutes(分钟)、hours（小时)、days（天)、weeks（星期)。

(3) 直接计时。

直接计时包括 today(今天)、tomorrow（明天)、midnight(深夜)、noon（中午)、teatime(下午 4 点)。

例 9-1　设置 at 调度，要求在 2018 年 12 月 24 日 23 点 59 分向所有用户发送 "Merry Christmas" 的信息。操作步骤如下：

(1) 在终端输入：at 23:59 12242018。

(2) 在 at >提示符下输入：Merry　Christmas，并按 Enter 键。

(3) 在 at >提示符下按 Ctrl+D 组合键结束。

接下来查看所设置的 at 调度，在终端输入 at -l，结果如图 9-1 所示。

```
[root@localhost root]# at -l
1          2018-12-24 23:59 a root
[root@localhost root]#
```

图 9-1　查看 at 调度

at 调度的删除请读者自行上机实验。

例 9-2　使用相对计时法设置一个 at 调度，实现 2 分钟后在 /home 中创建一个文件夹 dir1。操作步骤如下：

(1) 在终端输入：at now+2minutes。

(2) 在 at >提示符下输入：mkdir /home/dir1 并按 Enter 键。

(3) 在 at >提示符下按 Ctrl+D 组合键结束。

2 分钟后用 ls 命令查看 /home 文件夹下是否存在 dir1 文件夹。

2. cron 调度

batch 调度和 at 调度中指定的命令只能执行一次。但在实际的系统管理工作中有些任务需要在指定的时间重复执行，例如作为系统管理员每天例行的数据备份等。

cron 调度是根据 /var/spool/cron 中的 crontab 配置文件，cron 配置文件的文件名与用户名相同。例如，user1 用户的配置文件为 /var/spool/cron/user1。在 crontab 配置文件中设置了调度任务，每行代表一个调度任务。调度任务包括六个字段，各个字段名和取值见表 9-2。

表 9-2　crontab 文件的字段及取值

字段	分钟	时	日期	月份	星期	命令
取值	0 ~ 59	0 ~ 23	1 ~ 31	1 ~ 12	0 ~ 6，0代表星期日	command

其中，各字段之间一定要用空格隔开。

例 9-3　用户 user1 设置一个 cron 调度，要求每周一下午 5 点 30 分将 /home/user1 下所有的 txt 文件删除。操作步骤如下：

(1) 在终端输入 crontab –e，按 Enter 键后会自动启动 vi 文本编辑器。

(2) 输入配置任务：30 17 * * 1 rm –f /home/user1/*.txt，保存并退出 vi 编辑器。

(3) 查看 cron 调度的内容：crontab –l。

(4) 删除 cron 调度：crontab -r。

9.2　进程控制

进程控制是操作系统对进程进行管理所提供的控制操作。进程控制至少应该包括进程创建、进程撤销、进程睡眠、进程唤醒、进程执行等操作并以系统调用的形式提供给用户和操作系统使用。

9.2.1 进程控制块

在 Linux 中，每个进程都是由名为 task_struct 的数据结构来定义的，task_struct 就是进程控制块 (PCB)。进程控制块 (PCB) 是系统为了管理进程设置的一个专门的数据结构。系统用它来记录进程的外部特征，描述进程的运动变化过程。同时，系统可以利用 PCB 来控制和管理进程，所以说，PCB 是系统感知进程存在的唯一标志。创建新进程时，Linux 将从系统内存中分配一个 task_struct 结构，然后从父进程那里继承一些数据，并把新的进程插入到进程树中。

task_struct 数据结构功能主要包括：

(1) 进程状态：记录进程运行、等待或死锁。

(2) 调度信息：系统根据调度信息判定哪个进程最迫切需要运行。

(3) 进程标识号：用来区分进程的标识。

(4) 进程间通信机制：标识进程通信状况。

9.2.2 进程创建函数 (fork)

用户可以在自己的进程中创建多个子进程以实现多个任务的并发执行。Linux 提供的创建子进程的系统调用函数是 fork 和 vfork。被创建的进程称为子进程，已经存在的进程称为父进程。不是所有的进程都需要手动创建，例如 init 进程，它是在系统启动时被内核自动创建，init 进程是系统用户空间的第一个进程。本节将介绍如何使用 fork 和 vfork 函数创建子进程。

fork 函数的调用格式：

```
#include <sys/types.h>
#include <unistd.h>
int   fork();
```

返回值：若创建子进程失败，则返回 -1；若成功创建子进程，fork 返回两次，一次是在父进程中返回，返回值是新创建的子进程的进程 ID（它是一个大于 0 的整数）；另外一次是在子进程中返回，返回值是 0。

从 fork 函数返回值来看，fork 函数它是一个单调用双返回的函数。

由于 fork() 调用执行后，从父进程和子进程返回的值不同，因而用户能够以此为据在程序中使用分支结构将父子进程需要执行的不同程序分开。

例 9-4   fork 函数的应用。下列代码以文件名 "9-3.c" 进行保存。

```
# include <sys/types.h>   /* 提供类型pid_t的定义,在PC上与int型相同 */
#include <unistd.h>          /* 提供系统调用的定义*/
#include <stdio.h>
int   main()
{   int pid; /*此时仅有一个进程*/
    pid=fork();
    /*此时已经有两个进程在同时运行*/
    if(pid<0) {
        printf( " error in fork! " );
        return -1;
    }
    else if(pid==0)
        printf( " I am the child process\n " );
    else
        printf( " I am the parent process\n " );

}
```

对 9-3.c 进行编译：gcc 9-3.c –o 9-3

运行：./9-3

运行结果如图 9-2 所示。

```
tarena@ubuntu:~$ gcc 9-3.c -o 9-3
tarena@ubuntu:~$ ./9-3
I am the parent process
tarena@ubuntu:~$ I am the child process
```

图 9-2　fork 函数的调用

分析：子进程创建成功后有两个返回值，当 pid=0 时表示从子进程返回，从子进程输出。

"I am the child process"；当 pid>0 时，表示从父进程返回，父进程输出"I am the parent process"。从程序运行结果来看，系统先处理了父进程，后处理了子进程，实际上，系统对父子进程的调度是随机的，没有先后顺序。

例 9-5 fork 函数的返回值。以下代码以文件名"9-4.c"保存。

```c
#include <sys/types.h>
#include <unistd.h>
#include <stdio.h>
int  main()
{  int pid;
   printf( " fork testing is beginning\n " );
   pid=fork();
   printf( " The return of fork is %d " ,pid);
}
```

对 9-4.c 进行编译：gcc 9-4.c –o 9-4

运行：./9-4

运行结果如图 9-3 所示。

```
tarena@ubuntu:~$ gcc 9-4.c -o 9-4
tarena@ubuntu:~$ ./9-4
fork testing is beginning
The return of fork is 3008tarena@ubuntu:~$ The return of fork is 0
```

图 9-3 fork 函数返回值

分析：程序中 pid=fork(); 语句执行创建子进程。当子进程创建成功后，子进程为就绪状态。当父进程、子进程都从 fork 函数返回时，处理机对父子进程调度是随机的，而本例中，处理机先调度了父进程，输出 The return of fork is 3008（3008 是子进程的 ID），然后调度子进程。由于子进程已经继承了父进程的执行环境，所以子进程是从 printf(" The return of fork is %d " ,pid); 这条语句开始执行，输出 The return of fork is 0 后结束。这就是为什么 printf(" The return of fork is %d " ,pid); 这条语句执行两次的原因。父子进程得到了不同的返回值。

由例 9-4 和例 9-5 总结出创建子进程的应用程序框架如下：

```c
main( )
{
   int  p;
   while( ( p=fork( ) ) ==-1);       //创建子进程直到成功为止
       if  (p == 0)                  //返回值=0表示子进程返回
   {
       /*此处插入子进程程序段*/
   }
   else                              //返回值>0表示父进程返回
   {
       /*此处插入父进程程序段*/
   }
}
```

例 9-6 父进程创建子进程 p1、p2，父进程输出字符 a，另外两个子进程输出 b 和 c。

```
#include <stdio.h>
# include <sys/types.h>
#include <unistd.h>
int  main()
 {
     int  p1,p2;
     while  ( (p1 = fork() ) == -1);            //创建子进程p1,直至创建成功
      if(p1==0)                                 //子进程p1返回输出b
      putchar( 'b' ) ;
     else                                       //父进程返回
     {
      while( (p2 = fork()) == -1) ;             //创建子进程p2

      if(p2==0)                                 //子进程p2返回输出c
          putchar( ' c ' );
      else                                      //父进程返回输出a
          putchar( ' a ' );                     //父进程返回输出a
     }
    }
```

对程序进程编译后执行结果为 abc、acb、bca、cba、bac 或 cab 等随机结果中的任意一种。

子进程创建后，子进程复制了父进程的数据与堆栈空间，并继承父进程的用户代码、组代码、环境变量、已打开的文件数组、工作目录以及资源限制等，这些继承是通过复制得来的，所以子进程映像与父进程映像是存储在两个不同地址空间中内容相同的程序副本，这就意味着父进程和子进程在各自的存储空间中运行着内容相同的程序。因此，一个程序中如果使用了 fork()，那么当程序运行后，该程序就会在两个进程实体中出现，就会因两个进程的调度而被执行两次。

也正因为父子映像有各自的存储空间，父子进程对于各自存储空间中的执行过程包括对变量的修改等，就是各自的行为，不会传递到对方的存储空间中，因而双方都感知不到对方的行为。

操作系统对于父子进程的调度执行具有随机性，它们执行的先后次序不受程序源码中分支顺序的影响。只要父子进程之间没有使用同步工具来控制其执行序列，则父子进程并发执行的顺序取决于操作系统的调度，先后顺序是随机的。

父子进程的映像组成如图 9-4 所示。

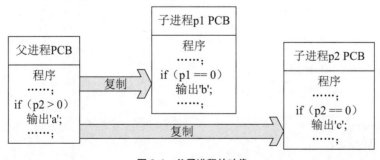

图 9-4 父子进程的映像

由于父子进程通过复制共享同一个程序，该程序中哪些是父子共享的，哪些是私有的呢？父进程创

建子进程后，父子进程各自分支中的程序各自私有，其余部分，包括创建前和分支结束后的程序段，均为父子进程共享。

例 9-7 父子进程共享部分和私有部分实例测试。以下代码以文件名"9-6.c"保存起来。本例中，在调用 fork 函数创建子进程前后都有输出语句。

```c
#include <stdio.h>
main()
{
    int p1;
    printf("x");               //父子共享部分,都要输出'x'

    while((p1=fork())==-1);

    if(p1==0)
        putchar('b');          //子进程输出'b'
    else
        putchar('a');          //父进程输出'a'

    putchar('y');              //父子共享部分,都要输出'y'
}
```

对例 9-7 程序进行编译，执行结果如图 9-5 所示。

```
tarena@ubuntu:~$ vi 9-6.c
tarena@ubuntu:~$ gcc 9-6.c -o 9-6
tarena@ubuntu:~$ ./9-6
xaytarena@ubuntu:~$ xby
```

图 9-5　父子进程共享和私有代码

程序的运行结果为 xayxby，可见，无论是创建进程前还是创建进程后，代码均为父子进程共享。

例 9-8 子进程在其分支结束处使用了进程终止 exit() 系统调用而终止执行，则不会再共享分支结束后的程序段。代码以"9-7.c"为文件名进行保存。

```c
#include <stdlib.h>
#include <stdio.h>
main()
{
    int p1;

    putchar(' x ');                    //父子共享部分,都要输出'x'
    while((p1=fork())==-1);

    if(p1==0)
    {
        putchar('b');                  //子进程输出'b'后终止执行
        exit(0);
    }
    else
        putchar( ' a ' );
    putchar( ' y ' );                  //只有父进程输出 ' y '
}
```

```
}
```

关于父子进程有以下几点需要说明。

(1) 创建子进程，复制父进程的内存空间，除了代码区所有区域都复制，和父进程共享代码区。

(2)fork() 返回两次，在父进程返回子进程的 PID，子进程中返回 0。

getpid() : 当前进程 PID。

getppid() : 当前进程父进程的 PID。

(3) 在父子进程中完成不同的工作。

(4)fork() 之后先执行子进程还是父进程？父子进程谁先执行不确定。

(5) 创建子进程时，会复制除了代码区之外的所有区域，包括缓冲区。

(6) 子进程新定义的变量和父进程没有任何关系。

(7) 创建子进程时，如果父进程有文件描述符，子进程会复制文件描述符，共用一个文件表。

(8) 父进程先于子进程结束，子进程变成孤儿进程，该孤儿进程会被 1 号进程收养。

例 9-9　该例为了说明若父进程比子进程先结束，那么子进程就会变成孤儿进程，成为 1 号进程的子进程。程序以文件名 "9-7.c" 保存。

```c
#include <stdio.h>
#include <sys/types.h>
#include <unistd.h>
int main()
{
  int pid;
  pid=fork();
  if(pid==0)
     while(1);
  else if(pid>0)
     {
       printf( " i am parent process\n " );
       printf( " my child ' s processid is %d " ,pid);
     }
  else
     {
       perror( " fork failed\n " );
       return -1;
     }
}
```

程序运行结果如图 9-6 所示。

```
tarena@ubuntu:~$ vi 9-7.c
tarena@ubuntu:~$ gcc 9-7.c -o 9-7
tarena@ubuntu:~$ ./9-7
i am parent process
my child's processid is 3401tarena@ubuntu:~$ ps -el|grep 9-7
1 R  1000  3401     1 97 80   0 -    496 -       pts/4     00:00:19 9-7
tarena@ubuntu:~$
```

图 9-6　例 9-9 程序运行结果

从图 9-6 程序的运行结果可以看到，父进程打印出了子进程的 ID 为 3401，当父进程先行结束后，子进程依然还在，使用 ps –elf 查看系统正在执行的进程，发现子进程已经被进程号为 1 的进程 "收养"。

9.2.3 进程等待函数（wait）

函数原型：int wait(int* statloc);

作用：进程一旦调用了 wait，就立即阻塞自己，由 wait 自动分析当前进程的某个子进程是否已经退出，如果让它找到了这样一个已经变成僵尸的子进程，wait 就会收集这个子进程的信息，并把它彻底销毁后返回；如果没有找到这样一个子进程，wait 就会一直阻塞在这里，直到有一个出现为止。

参数 status 用来保存被收集进程退出时的一些状态，它是一个指向 int 类型的指针。但如果对这个子进程是如何死掉的毫不在意，只想把这个僵尸进程消灭掉，我们就可以设定这个参数为 NULL：

pid = wait(NULL);

如果成功，wait 会返回被收集的子进程的进程 ID，如果调用进程没有子进程，调用就会失败，此时 wait 返回 -1，同时 errno 被置为 ECHILD。

例 9–10　wait 函数的应用。程序以文件名 "wait1.c" 进行保存。

```
#include <sys/types.h>
#include <sys/wait.h>
#include <unistd.h>
#include <stdlib.h>
main()
{
  pid_t pc,pr;
  pc=fork();
  if(pc<0)
    printf( " create process failed\n " );
  else if(pc==0)
    {
     printf( " This is child process with pid of %d\n " ,getpid());
     sleep(10);
    }
    else
    {
      pr=wait(NULL);
      printf( " I catched a child process with pid of %d\n " ,pr);
    }
     exit(0);
}
```

注意到，在第 2 行结果打印出来前有 10 秒钟的等待时间，这就是我们设定的让子进程睡眠的时间，只有子进程从睡眠中苏醒过来，它才能正常退出，也就才能被父进程捕捉到。其实不管设定子进程睡眠的时间有多长，父进程都会一直等待下去。

9.2.4 waitpid 函数

waitpid 函数的原型如下：

```
#include <sys/types.h>
#include <sys/wait.h>
pid_t waitpid(pid_t pid,int *status,int options)
```

从本质上讲，系统调用 waitpid 和 wait 的作用是完全相同的，但 waitpid 多出了两个可由用户控制的参数 pid 和 options。

(1)pid：从参数的名字 pid 和类型 pid_t 中就可以看出，这里需要的是一个进程 ID。但当 pid 取不同的值时，在这里有不同的意义。

① pid>0 时，只等待进程 ID 等于 pid 的子进程，不管其他已经有多少子进程运行结束退出了，只要指定的子进程还没有结束，waitpid 就会一直等下去。

② pid=-1 时，等待任何一个子进程退出，没有任何限制，此时 waitpid 和 wait 的作用相同。

③ pid=0 时，等待同一个进程组中的任何子进程，如果子进程已经加入了别的进程组，waitpid 不会对它做任何响应。

④ pid<-1 时，等待一个指定进程组中的任何子进程，这个进程组的 ID 等于 pid 的绝对值。

(2)options：options 提供了一些额外的选项来控制 waitpid，目前在 Linux 中只支持 WNOHANG 和 WUNTRACED 两个选项。这是两个常数，可以用"|"运算符把它们连接起来使用，比如：

```
ret=waitpid(-1,NULL,WNOHANG | WUNTRACED);
```

如果不想使用它们，也可以把 options 设为 0，例如：

```
ret=waitpid(-1,NULL,0);
```

如果使用了 WNOHANG 参数调用 waitpid，即使没有子进程退出，它也会立即返回，而不会像 wait 那样永远等下去。

waitpid 的返回值比 wait 稍微复杂一些，一共有 3 种情况：

（1）当正常返回时，waitpid 返回收集到的子进程的进程 ID。

（2）如果设置了选项 WNOHANG，而调用中 waitpid 发现没有已退出的子进程可收集，则返回 0。

（3）如果调用中出错，则返回 -1，这时 errno 会被设置成相应的值以指示错误所在。

当 pid 所指示的子进程不存在，或此进程存在，但不是调用进程的子进程，waitpid 就会出错返回，这时 errno 被设置为 ECHILD。

例 9–11　waitpid 函数的应用。

```
#include <stdio.h>
#include <stdlib.h>
#include <unistd.h>
#include <sys/types.h>
#include <signal.h>
  int main()
   {
      pid_t pid;
      pid = fork();
```

```
        if(pid>0)
    {
        sleep(8);//父进程睡眠8秒
        if(waitpid(pid,NULL,WNOHANG)==0)
        {
            kill(pid,9);
        }
        wait(NULL);
        while(1);
        }
        if(pid == 0)
        {
        printf( " raise function before\n " );
        raise(SIGTSTP);
        printf( " raise function after\n " );
        exit(0);
        }
        return 0;
    }
```

如果参数 status 的值不是 NULL，wait 就会把子进程退出时的状态取出并存入其中，这是一个整数值
（int），指出了子进程是正常退出还是被非正常结束的（一个进程也可以被其他进程用信号结束，这将在
以后的章节介绍），以及正常结束时的返回值。由于这些信息被存放在一个整数的不同二进制位中，用常
规的方法读取会非常麻烦，因此就设计了一套专门的宏（macro）来完成这项工作，其中最常用的有两个：

（1）WIFEXITED(status)，这个宏用来指出子进程是否为正常退出的，如果是，它会返回一个非零值（请
注意，虽然名字一样，这里的参数 status 并不同于 wait 唯一的参数——指向整数的指针 status，而是那个
指针所指向的整数，切记不要搞混了）。

（2）WEXITSTATUS(status)，当 WIFEXITED 返回非零值时，可以用这个宏来提取子进程的返
回值，如果子进程调用 exit(5) 退出，WEXITSTATUS(status) 就会返回 5；如果子进程调用 exit(7)，
WEXITSTATUS(status) 就会返回 7。注意，如果进程不是正常退出的，也就是说，WIFEXITED 返回 0，
这个值就毫无意义。

例 9-12 WIFEXITED(status) 和 WEXITSTATUS(status) 的应用下列代码以文件名"wait2.c"保存。

```
#include <sys/types.h>
#include <sys/wait.h>
#include <unistd.h>
#include <stdio.h>
#include <stdlib.h>
main()
{
    int status;
    pid_t pc,pr;
    pc=fork();
    if(pc<0) /* 如果出错 */
        printf( " error ocurred!\n " );
    else if(pc==0){ /* 子进程 */
        printf( " This is child process with pid of %d.\n " ,getpid());
        exit(3); /* 子进程返回3 */
    }
```

```
    else
      {
          pr=wait(&status);
          if(WIFEXITED(status))
            { // 如果WIFEXITED返回非零值 */
              printf( " the child process %d exit normally.\n " ,pr);
              printf( " the return code is %d./n " ,WEXITSTATUS(status));
            }
          else //如果WIFEXITED返回零
              printf( " the child process %d exit abnormally.\n " ,pr);
      }
}
```

编译并运行：

```
$ gcc wait2.c -o wait2
$ ./wait2
This is child process with pid of 3684
the child process 3684 exit normally.
the return code is 3.
```

父进程准确捕捉到了子进程的返回值3，并把它打印了出来。

例 9-13　waitpid 函数的用法。下列代码以 "waitpid.c" 文件名保存起来。

```
#include <sys/types.h>
#include <sys/wait.h>
#include <unistd.h>
#include <stdio.h>
#include <stdlib.h>
main()
{
      pid_t pc, pr;
       pc=fork();
      if(pc<0) /* 如果fork出错 */
              printf( " Error occured on forking./n " );
      else if(pc==0)
          { /* 如果是子进程 */
            sleep(10); /* 睡眠10秒 */
            exit(0); }
       else /* 如果是父进程 */
      do
        {
            pr=waitpid(pc, NULL, WNOHANG); /* 使用了WNOHANG参数,waitpid不会在这里等待 */
            if(pr==0){ /* 如果没有收集到子进程 */
              printf( " No child exited/n " );
                sleep(1);
            }
        }
      while(pr==0); /* 没有收集到子进程,就回去继续尝试 */
      if(pr==pc)
          printf( " successfully get child %d/n " , pr);
      else
```

```
            printf( " some error occured/n " );
}
```

编译并运行：

```
$ cc waitpid.c -o waitpid
$ ./waitpid
No child exited
No child exited
No child exited
No child exited
No child exited
No child exited
No child exited
No child exited
No child exited
No child exited
successfully get child 3633
```

父进程经过 10 次失败的尝试之后，终于收集到了退出的子进程，如图 9-7 所示。

图 9-7　waitpid 函数的调用

本例中让父进程和子进程分别睡眠了 10 秒钟和 1 秒钟，代表它们分别作了 10 秒钟和 1 秒钟的工作。父子进程都有工作要做，父进程利用工作间歇查看子进程是否退出，如退出就收集它。

可以尝试在最后一个例子中把 pr=waitpid(pc, NULL, WNOHANG); 改为 pr=waitpid(pc, NULL, 0); 或者 pr=wait(NULL); 看看运行结果有何变化（修改后的结果使得父进程将自己阻塞，直到有子进程退出为止）。

9.2.5　vfork 函数

vfork 函数的调用和返回值与 fork 函数相同，但两者的功能有所不同。

（1）fork 创建的子进程复制其父进程的数据段和堆栈段；vfork 的父子进程共享数据段。

（2）vfork 并不将父进程的地址空间完全复制给子进程，因为子进程会立即调用 exec 或 exit，也就不会访问该地址空间，只在子进程调用 exec 之前，在父进程空间中运行。

（3）vfork 保证子进程先运行，在它调用 exec 或 exit 之后父进程才能调度运行。如果在调用这两个函数之前子进程依赖于父进程的进一步操作，将会导致死锁。

例 9-14　vfork 函数的用法。代码以 "9-11.c" 为文件名进行保存。

```
#include <stdio.h>
#include <unistd.h>
#include <stdlib.h>
```

```
int main()
{
    pid_t pid;
    int count = 0;
    pid = vfork();

    if(pid == 0)
    {
        count++;
        printf("count = %d\n",count);
        exit(0);
    }
    else
    {
        count++;
        printf("count = %d\n",count);
        return 0;
    }
}
```

在本例中，不再需要让父进程调用 sleep，因为可以保证在子进程调用 exit 之前，内核会使父进程处于休眠状态。程序运行结果如图 9-8 所示。

```
tarena@ubuntu:~$ gcc 9-11.c -o 9-11
tarena@ubuntu:~$ ./9-11
count = 1
count = 2
tarena@ubuntu:~$
```

图 9-8　vfork 函数的调用

从程序的运行结果来看，子进程对变量做增 1 的操作，结果父进程又改变了子进程的变量值使其再进行增 1 操作。因为子进程在父进程的地址空间中运行，属于同一地址空间，而 fork 是子进程和父进程运行在各自不同的地址空间中。

9.2.6　进程终止函数（exit）

进程共有 5 种正常终止方式和 3 种异常终止方式。5 种正常终止方式如下。

（1）在主函数中执行 return 语句。按照 ANSI C，在最初调用的 main() 中使用 return 和 exit() 的效果相同。但要注意这里所说的是"最初调用"。如果 main() 在一个递归程序中，exit() 仍然会终止程序；但 return 将控制权移交给递归的前一级，直到最初的那一级，此时 return 才会终止程序。return 和 exit() 的另一个区别在于，即使在除 main() 之外的函数中调用 exit()，它也将终止程序。

（2）exit 函数。调用 exit 函数的退出过程为：

①调用 atexit() 注册的函数（出口函数）；按 ATEXIT 注册时相反的顺序调用所有由它注册的函数，这使得我们可以指定在程序终止时执行自己的清理动作。例如，保存程序状态信息于某个文件，解开对共享数据库上的锁等。

②关闭所有打开的流，删除用 TMPFILE 函数建立的所有临时文件。

③最后调用 _exit() 函数终止进程。

（3）调用 _exit 或 _Exit 函数。

函数原型：void _exit(int status); void _Exit(int status);

_exit 和 _Exit 是同义的。作用是直接使进程停止运行，清除其使用的内存空间，并销毁其在内核中的各种数据结构。

（4）进程中的最后一个线程执行 return 语句。当最后一个线程从其启动进程返回时，该进程以终止状态 0 返回。

（5）进程的最后一个线程调用 pthread_exit 函数。同（4）一样，在这种情况下，进程终止状态总是 0，这与传送给 pthread_exit 的参数无关。

3 种异常终止方式如下。

（1）调用 abort。它产生 SIGABRT 信号。

（2）当进程收到某种信号时，信号可由进程本身、其他进程或内核产生。例如，某进程执行除以 0，内核就会为该进程产生相应的信号。

（3）最后一个线程对"取消"请求做出响应。

不管进程如何终止，最后都会执行内核中的同一段代码。代码的作用是为相应进程关闭所有打开描述符，释放它所使用的存储空间等。

例 9-15　使用 atexit() 注册一系列函数，注册的函数在真正退出之前被调用。代码以"9-12.c"的文件名保存。

```c
#include <stdio.h>
#include <stdlib.h>
#include <string.h>
#include <unistd.h>
#include <fcntl.h>
void at(void)
{
    printf("这句话在进程结束前会打印出来\n");
}
int main()
{
    atexit(at);//注册进程结束时要调用的函数
    sleep(5);
    printf("开始退出进程...\n");
    sleep(5);
    exit(0);
    //_exit(0);
    //return 0;
    printf("这句话不会被打印出来!\n");
}
```

程序运行结果如图 9-9 所示。

```
tarena@ubuntu:~$ gcc exit.c -o exit
tarena@ubuntu:~$ ./exit
开始退出进程...
这句话在进程结束前会打印出来
```

图 9-9　exit 函数运行结果

9.2.7 exec 函数

fork() 函数通过系统调用创建一个与原来进程（父进程）几乎完全相同的进程（子进程是父进程的副本，它将获得父进程数据空间、堆、栈等资源的副本。注意，子进程持有的是上述存储空间的"副本"，这意味着父子进程不共享这些存储空间。Linux 将复制父进程的地址空间内容给子进程，因此，子进程具备了独立的地址空间），也就是这两个进程做完全相同的事。

在 fork 后的子进程中使用 exec 函数族，可以装入和运行其他程序（子进程替换原有进程，和父进程做不同的事）。

exec 函数族可以根据指定的文件名或目录名找到可执行文件，并用它来取代原调用进程的数据段、代码段和堆栈段。在执行完后，原调用进程的内容除了进程号外，其他全部被新程序的内容替换了。新程序则从 main 函数开始执行。需要说明的是，这里提到的可执行文件既可以是二进制文件，也可以是 Linux 下任何可执行脚本文件。由于调用 exec 函数并不创建新的进程，所以前后的进程 ID 是不变的。

exec 函数共有 6 种，统称为 exec 系列函数。exec 系列函数如下：

```c
#include <unistd.h>
 int execl(const char *path, const char *arg,...)
 int execv(const char *path, char *const argv[]);
 int execle(const char *path, ..........)
 int execve(...)(系统调用)
 int execlp(...)
 int execvp(...)
```

exec 系列函数的主要作用：替代原有进程的代码段、数据段、BSS 段、堆区和栈区，然后从新的 main 开始执行，但是保留了原子进程的 PID。

事实上，这 6 个函数中真正的系统调用只有 execve，其他 5 个都是库函数，它们最终都会调用 execve 这个系统调用，调用关系如图 9-10 所示。

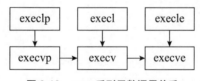

图 9-10　exec 系列函数调用关系

在 Linux 中使用 exec 函数族主要有两种情况：

（1）当进程认为自己不能再为系统和用户做出任何贡献时，就可以调用任何 exec 函数族让自己重生。

（2）如果一个进程想执行另外一个程序，那么它就可以调用 fork 函数新建一个进程，然后调用任何一个 exec 函数使子进程重生。

例 9–16　exec 函数的应用。

```c
#include <stdio.h>
#include <stdlib.h>
#include <string.h>
#include <unistd.h>
#include <fcntl.h>
int main()
```

```
{
    printf("start \n");
#if 0
    int res = execlp("ls", "ls",
                     "/home/tarena/1406", NULL);
#endif char *args[]={"ls", "-l", "-a",
                     "/home/tarena", NULL};
    int res =execv("/bin/ls",args);
    if(res == -1)
    {
        perror("execl");

    }
        printf("end \n");
}
```

程序的执行结果如图 9-11 所示。

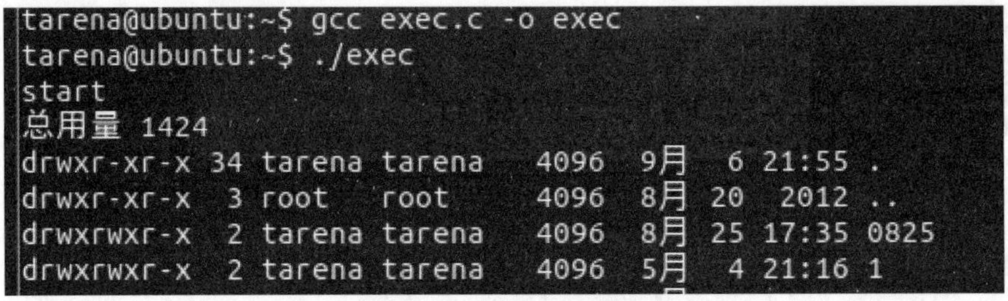

图 9-11   exec 函数的调用

9.3   小结

本章主要介绍了 Linux 下的进程控制和管理。重点介绍了 Linux 系统中与进程有关的一些系统调用函数，包括进程的创建、等待、退出等。对于 Linux 环境下的高级编程来说，完整地了解 UNIX 的进程控制是非常必要的。

◇ 习 题 ◇

一、填空题

1. 进程在其生存期间处于三种基本状态，分别是_____、_____和_____。

2. fork 函数在父进程的返回值是_____；在子进程的返回值是_____。

3. 返回调用进程的进程号的系统函数是_____。

4. 在 Linux 中，正常结束进程的方法有_____、_____和_____。

5. 可运行进程是一个只等待_____资源的进程。

二、上机题

1. 编写一段程序，使用系统调用 fork( ) 创建两个子进程。当此程序运行时，在系统中有一个父进程和两个子进程活动。让每一个进程在屏幕上显示一个字符：父进程显示 'a'，子进程分别显示字符 'b' 和字符 'c'。试观察屏幕上的显示结果，并分析原因。

2. 修改上述程序，每一个进程循环显示一句话。子进程显示 'daughter …' 及 'son……'，父进程显示 'parent ……'，观察结果，分析原因。

3. 编写程序，其中有三个 fork 函数连续调用，请编程验证共有几个进程。

第 10 章

进程间通信
（IPC）

通常情况下，系统中运行着的进程之间并不是相互独立的，有些进程之间经常需要互相传递消息。但是每个进程在系统中都有自己的地址空间，操作系统通过页表和实际物理内存所关联，不允许其他进程随意进入。因此，操作系统内核就必须提供一种机制既能保证进程之间的通信，又能保证系统的安全，这些机制就是进程间通信机制（InterProcess Communication，IPC）。

10.1 进程通信概述

进程间的通信机制其实就是多进程相互通信、共享信息及交换信息的方法。Linux 支持多种 IPC 机制，主要包括文件、管道、信号。Linux 还支持传统的 System V 的 IPC 机制，包括消息队列、信号量和共享内存。

10.1.1 管道

管道是 Linux 支持的最初通信机制形式之一，具有以下特点。

（1）管道是半双工的，数据只能向一个方向流动；需要双方通信时，需要建立起两个管道。

（2）只能用于父子进程或者兄弟进程之间（具有亲缘关系的进程）。

（3）单独构成一种独立的文件系统：管道对于管道两端的进程而言就是一个文件，但它不是普通的文件，也不属于某种文件系统，而是自立门户，单独构成一种文件系统，并且只存在于内存中。

（4）数据的读出和写入：一个进程向管道中写的内容被管道另一端的进程读出。写入的内容每次都添加在管道缓冲区的末尾，并且每次都是从缓冲区的头部读出数据。

（5）管道分为无名管道和有名管道。

下面介绍无名管道和有名管道的创建方法。

1. 无名管道

创建无名管道需要系统调用函数 pipe 来完成，pipe 函数的使用方法如下。

函数所需头文件及原型：

```
#include <unistd.h>
int pipe(int fd[2])
```

pipe 函数返回两个文件描述符，一个用来读管道，存放在 fd[0] 中；一个用来写管道，存放于 fd[1] 中。这些描述符为子进程所继承。因此，一个进程在由 pipe() 创建管道后，一般使用 fork 创建一个子进程，然后通过管道实现父子进程间的通信。

编程步骤：

（1）调用该函数在内核中创建管道文件，并通过输出参数 pipefd 获得分别用于读和写的两个文件描述符。

（2）fork() 创建子进程。

（3）写数据的进程关闭读端 fd[0]；读数据的进程关闭写端 fd[1]。

（4）传输数据。

（5）父子进程分别关闭自己的文件描述符。

例 10-1　pipe 的使用实例。文件以 "pipe.c" 为名保存。

```
#include <stdio.h>
#include <unistd.h>
#include <fcntl.h>
#include <stdlib.h>
int main()
{
    /*保存文件描述符*/
```

```
int fd[2];
/*创建无名管道
 * 返回一个读文件描述符
 * 返回一个写文件描述符
 * */
pipe(fd);
pid_t pid = fork();
if(pid > 0)
{
    //父进程写管道,关闭读端
    close(fd[0]);
    int i = 0;
    for(i=100; i<=120; i++)
    {
        write(fd[1], &i, sizeof(int));
        sleep(1);
    }
    //关闭写端
    close(fd[1]);
    exit(0);
}
/*子进程读管道*/
close(fd[1]); //关闭写端
int x;
int i=0;
for(; i<=20; i++)
{
    read(fd[0], &x, sizeof(int));
    printf("%d ",x);
    setbuf(stdout, NULL);
}
close(fd[0]);
}
```

请读者自行分析程序运行结果。

2. 有名管道

有名管道是基于管道文件的管道通信。

例10-2 以命令行方式使用有名管道完成两个进程之间的通信。

```
mkfifo  fifo//创建一个管道文件名为fifo
 echo  " hello world " >fifo//其中一个进程向fifo中写入内容
```

通过 Ctrl+Alt+t 组合键打开另一个终端后输入 cat fifo，则输出"hello world"。请读者自行实验。

例10-3 使用 read 和 write 读取写入管道的数据。

pipea.c 文件内容如下：

```
#include <stdio.h>
#include <stdlib.h>
#include <unistd.h>
#include <sys/types.h>
#include <sys/stat.h>
```

```c
#include <fcntl.h>

int main()
{
    /*创建管道*/
    if(mkfifo( " pipe " , 0666) < 0)
    {
        perror( " mkfifo " );
        return -1;
    }
    /*写打开管道*/
    int fd = open( " pipe " , O_WRONLY);
    if(fd == -1)
    {
        perror( " open " );
        return -1;
    }
    unlink( " pipe " );
    int i = 0;
    for(i=50; i<100; i++)
    {
        write(fd, &i, sizeof(int));
        printf( " %d\n " , i);
        sleep(1);
    }
    /*关闭管道*/
    close(fd);
}
```

pipeb.c 文件内容如下：

```c
#include <stdio.h>
#include <stdlib.h>
#include <unistd.h>
#include <sys/types.h>
#include <sys/stat.h>
#include <fcntl.h>

int main()
{
    /*读打开管道*/
    int fd = open( " pipe " , O_RDONLY);
    if(fd == -1)
    {
        perror( " open " );
        return -1;
    }
    int i = 0;
    int num = 0;
    for(i=0; i<50; i++)
    {
        read(fd, &num, sizeof(int));
```

```
        printf( " %d " , num);
        fflush(stdout);
        //setbuf(stdout, NULL);
    }
    printf( " \n " );
    /*关闭管道*/
    close(fd);
}
```

本例编程模型如下：

```
    A进程           B进程           函数
---------------------------------------------
    创建管道                         mkfifo
---------------------------------------------
    写打开管道      读打开管道       open
---------------------------------------------
    写入数据        读出数据         write/read
---------------------------------------------
    关闭管道        关闭管道         close
---------------------------------------------
    删除管道                         unlink
```

⚠️ **注 意** B 端异常关闭会导致管道断裂，A 进程会收到 SIGPIPE 信号，该信号默认动作是终止进程。

10.1.2 信号

信号是 UNIX 中所使用的进程通信的一种最古老的方法。信号其实是一种软件中断，它为程序提供了一种处理异步事件的方法。当通过 Ctrl-C 来终止程序时，就涉及信号的相关处理工作。在 Linux 中一共有多少信号呢？可以通过在 shell 下运行 kill –l 命令，来查看 Linux 下的信号数目及其对应的编号，如图 10-1 所示。

```
    tarena@ubuntu: ~
tarena@ubuntu:~$ kill -l
 1) SIGHUP        2) SIGINT        3) SIGQUIT       4) SIGILL        5) SIGTRAP
 6) SIGABRT       7) SIGBUS        8) SIGFPE        9) SIGKILL      10) SIGUSR1
11) SIGSEGV      12) SIGUSR2      13) SIGPIPE      14) SIGALRM      15) SIGTERM
16) SIGSTKFLT    17) SIGCHLD      18) SIGCONT      19) SIGSTOP      20) SIGTSTP
21) SIGTTIN      22) SIGTTOU      23) SIGURG       24) SIGXCPU      25) SIGXFSZ
26) SIGVTALRM    27) SIGPROF      28) SIGWINCH     29) SIGIO        30) SIGPWR
31) SIGSYS       34) SIGRTMIN     35) SIGRTMIN+1   36) SIGRTMIN+2   37) SIGRTMIN+3
38) SIGRTMIN+4   39) SIGRTMIN+5   40) SIGRTMIN+6   41) SIGRTMIN+7   42) SIGRTMIN+8
43) SIGRTMIN+9   44) SIGRTMIN+10  45) SIGRTMIN+11  46) SIGRTMIN+12  47) SIGRTMIN+13
48) SIGRTMIN+14  49) SIGRTMIN+15  50) SIGRTMAX-14  51) SIGRTMAX-13  52) SIGRTMAX-12
53) SIGRTMAX-11  54) SIGRTMAX-10  55) SIGRTMAX-9   56) SIGRTMAX-8   57) SIGRTMAX-7
58) SIGRTMAX-6   59) SIGRTMAX-5   60) SIGRTMAX-4   61) SIGRTMAX-3   62) SIGRTMAX-2
63) SIGRTMAX-1   64) SIGRTMAX
```

图 10-1　Linux 下的信号名称及编号

其中，编号为 1~31 的信号称为普通信号，34~64 的信号称为实时信号。每个信号都有一个编号和一个宏定义名称，这些宏定义可以在 signal.h 中找到，可以通过 man 7 signal 查看详细说明，如图 10-2 所示。

```
SIGHUP       1          Term    Hangup detected on controlling terminal
                                or death of controlling process
SIGINT       2          Term    Interrupt from keyboard
SIGQUIT      3          Core    Quit from keyboard
SIGILL       4          Core    Illegal Instruction
SIGABRT      6          Core    Abort signal from abort(3)
SIGFPE       8          Core    Floating point exception
SIGKILL      9          Term    Kill signal
SIGSEGV      11         Core    Invalid memory reference
SIGPIPE      13         Term    Broken pipe: write to pipe with no
                                readers
SIGALRM      14         Term    Timer signal from alarm(2)
SIGTERM      15         Term    Termination signal
SIGUSR1      30,10,16   Term    User-defined signal 1
SIGUSR2      31,12,17   Term    User-defined signal 2
SIGCHLD      20,17,18   Ign     Child stopped or terminated
SIGCONT      19,18,25   Cont    Continue if stopped
SIGSTOP      17,19,23   Stop    Stop process
SIGTSTP      18,20,24   Stop    Stop typed at tty
SIGTTIN      21,21,26   Stop    tty input for background process
SIGTTOU      22,22,27   Stop    tty output for background process
```

图 10-2　Linux 下的信号编号及宏定义

10.1.3　信号的产生方式

在 Linux 下，信号可以通过以下几种方式产生。

（1）当用户按某些终端键时，引发终端产生的信号，例如前面提到的 Ctrl+C 组合键对应的是 SIGINT 信号，Ctrl+/ 组合键对应的是 SIGQUIT 信号。

（2）硬件异常产生信号，例如，除数为 0、无效的内存引用对应的 SIGSEGV 信号，不同的硬件异常会产生不同的信号，一旦硬件异常产生，那么它会一直存在直到程序被终止，所以处理硬件异常信号一般都采用终止程序的方法。

（3）进程调用 kill（系统调用）函数可将任意信号发送给另一个进程或者进程组。但是这种方式是有限制条件的。例如：要求接收信号和发送信号的进程的所有者必须相同，或者发送信号的所有者必须是超级用户。

（4）进程可以通过在 shell 下运行 kill 指令来对某个进程发出信号，kill 指令是 kill 系统调用的一个接口。

（5）当内核检测到某种软件条件发生时也可以通过信号通知进程，例如：当闹钟超时会产生 SIGALRM 信号；向读端已关闭的管道写数据时产生 SIGPIPE 信号。

10.1.4　信号的处理方式

有了信号的产生，当然也就有信号的处理，在 Linux 中，对信号的处理有下面几种方式。

（1）忽略此信号。忽略是指内核不会向进程传递信号，进程根本不知道信号产生。大多数信号都可以采用这种方式进行处理。但是 SIGKILL 信号和 SIGSTOP 信号不能够被忽略，因为这两种信号都直接向内核提供了进程终止和停止的可靠办法。还有硬件异常信号我们最好不要忽略，因为硬件异常一旦产生如果不进行处理就会一直存在。

（2）执行系统的默认动作。信号的默认处理方式一般就是终止进程。

其中，在系统默认动作中，有一种动作叫作"终止 +core"，它表示在进程当前工作目录中的 core 文件中复制了该进程当前的内存映像，该文件名为：core. 进程 pid 号。很多信号都使用了这种处理方式，例如 SIGFPE 信号。当产生了内存映像文件，可以在 gdb 下面进行调试，请参照例 10-4。

例 10-4　程序代码如下，以"main.c"为文件名保存。

```c
#include <stdio.h>
#include <stdlib.h>
main()
{
    int i=10;
    while(i--)
      {printf( " i=%d\n " ,i);
       sleep(1);
       if(i==6)
        {
            int j=i/0;
            exit(1);
                  }}}
```

在终端依次输入：

```
gcc  main.c  -o signal –g
gdb  signal  core
```

由于发生了段错误，在使用 gdb 调试时，直接定位到了 core-dump 点，效果如图 10-3 所示。

```
warning: Can't read pathname for load map: 输入/输出错误.
Core was generated by `./signal'.
Program terminated with signal 8, Arithmetic exception.
#0  0x08048490 in main () at main.c:11
11                  int j=i/0;
```

图 10-3　终止 +core 信号处理

（3）捕捉信号。这是一种对信号的自定义处理方式。进程要通知内核在某种信号产生时，需要调用一个用户函数。在用户函数中，用户可以自己定义信号处理的方式。需要注意的是，在 Linux 下不能捕捉 SIGKILL 信号和 SIGSTOP 信号。

下面介绍相关信号处理函数。

① signal 函数。

```c
#include <signal.h>
sighandler_t signal(int signum, sighandler_t handler);
```

其中，signum 为信号名，或者信号编号。

handler 为指向返回值为 void 参数为 int 的函数指针，或者是 SIG_IGN 或 SIG_DFL 宏定义。

② alarm 函数。

```c
#include <unistd.h>
unsigned int alarm(unsigned int seconds);
```

alarm 函数相当于一个闹钟，它可以为进程注册闹钟时间，例如使用 alarm(5) 可以为进程注册 5 秒钟的闹钟时间，5 秒后会产生 SIGALRM 信号。

如果在调用 alarm 函数时，之前已经为该进程注册的闹钟时间还没有超时，则该闹钟时间的余留值作为本次 alarm 函数调用的值返回。以前注册的闹钟时间则被新值所取代；使用 alarm(0) 可以取消以前所注册的闹钟，并返回之前注册的闹钟的剩余时间。

例 10-5　自定义处理信号函数。

```
#include <stdio.h>
#include <unistd.h>
#include <signal.h>
void alrm_run(int signo)
{
 printf( " the signo is %d\n " ,signo);
}
int main()
{
 signal(SIGALRM,alrm_run);
 alarm(5);
int count=1;
while(1)
 {
   printf( " count=%d\n " ,count++);
   sleep(1);

 }
return 0;
}
```

运行结果如图 10-4 所示。

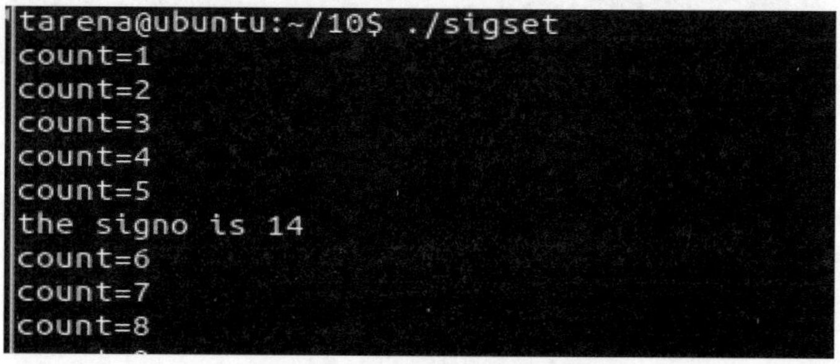

图 10-4　自定义信号处理函数

10.2　信号量

信号量是一种计数器，它常被实现为一种锁机制，从而可以更好地控制多个进程或线程对资源的同步访问。第 9 章曾经介绍信号量用于线程同步的情形，在 Linux 中信号量有两组程序设计的接口函数：一种源自 POSIX 技术规范，常用于线程；另一种叫作 System V 信号量，常用于进程的同步。本节要介绍的信号量就是 System V 信号量，它使用的函数调用不同于线程同步中使用的信号量函数。

10.2.1 信号量定义

Dijkstra 提出的"信号量"概念是并发程序设计领域的一项重大进步，信号量有时也被称为信号灯，是在多进程或多线程环境下使用的一种同步机制，可以用来保证一个或多个关键代码段不被并发调用，从而保证资源共享时不会产生冲突。在进入一个关键代码段前，进程或线程必须获取一个信号量，一旦该关键代码段完成，那么该进程或线程就必须释放这个信号量，其他想进入该关键代码段的进程或线程必须等待，直到信号量被释放。

信号量实质上是一种被保护的变量，并且只能通过初始化和两个标准的原子操作（P/V）来访问，且只能取正整数值，P/V 原语在对操作系统的学习中介绍过，这里仅作简单介绍。最简单的信号量莫过于二进制信号量，它只有 0 和 1 两种取值，而对于能够取多种正整数值的信号量通常称作"通用信号量"。对于二进制信号量的 P/V 操作定义非常简明，假设有一个信号量 sv，对这两个操作的定义参见表 10-1。

表 10-1　二进制信号量的 P/V 操作定义

操作类型	操作解释
P（sv）	表示等待，在进入关键代码段前进行检查 如果 sv 的值大于零，就给它减去 1 如果 sv 的值等于零，就挂起该进程的执行，直到 sv 的值大于零
V（sv）	表示信号，释放对关键代码段的控制权，并将 sv 的值加 1

当关键代码允许进程访问时，信号量变量 sv 的值为真（sv>0），P(sv) 操作对它做减法使其变为假（sv=0），此时其他进程就不允许访问这段关键代码了，但允许它们等待 sv 的值再次变为真时重新申请对这段关键代码的控制权。当进程离开关键代码时要用 V(sv) 操作 sv 变量进行加法（通常是加 1），使 sv 的值变为真（sv > 0），这时关键代码段重新回到允许进程访问的状态。假设用一个普通变量进行这样的加减法是否也能达到同样的效果呢？事实上在 C 语言中使用普通变量不能满足只用一个原子操作就能实现检查该变量是否为真或修改 sv 值使之变为假的需求，而正是这点才是信号量操作的特殊之处。

10.2.2 信号量功能

在了解了信号量的定义和工作原理后，再看 Linux 中是如何实现信号量的这些功能的。为了使信号量能够在进程间共享数据，且有能力执行原子操作 (即一组操作不允许被中断，要么全部执行，要么都不执行)，信号量必须由内核提供，并且在一个进程阻塞时将 CPU 让给另外一个进程。为此，Linux 内核为每个信号集都维护了一个 semid_ds 数据结构实例，该结构定义在头文件 linux/sem.h 中，下面是 semid_ds 结构的定义：

```
struct semid_ds {
    struct ipc_perm sem_perm;              /*信号的所有者及操作权限*/
    __kernel_time_t sem_otime;             /*对信号进行PV操作的最后时间*/
    __kernel_time_t sem_ctime;             /*对信号进行修改的最后时间*/
    struct sem    *sem_base;               /*指向信号集中第一个信号*/
    struct sem_queue *sem_pending;         /*等待处理的挂起操作*/
    struct sem_queue **sem_pending_last;   /*最后一个正在挂起的操作*/
```

```
    struct sem_undo *undo;                      /*撤销的请求*/
    unsigned short   sem_nsems;                 /*信号集中的信号数*/
};
```

在 struct semid_ds 结构中，成员项 sem_perm 是一个 struct ipc_perm 类型的结构体变量，它包含了信号集的键值、所有者信息及操作权限等信息，bits/ipc.h 头文件给出了 struct ipc_perm 结构体的定义：

```
struct ipc_perm {
    __key_t __key;                              /*信号集的键值*/
    __uid_t uid;                                /*所有者的UID*/
    __gid_t gid;                                /*所有者的GID*/
    __uid_t cuid;                               /*创建者的UID*/
    __gid_t cgid;                               /*创建者的GID*/
    unsigned short int mode;                    /*读写权限*/
    unsigned short int __seq;                   /*序列号*/
    ... ...
  };
```

信号集中信号量的数据类型是 struct sem，它在 Linux 中的定义如下：

```
struct sem{
        ushort   semval;                        //信号量的值
        pid_t    sempid;                        //对信号量进行最后操作的进程pid
        ushort   semncnt;                       //等待semval > cval的进程数量
        ushort   semzcnt;                       //等待semval = 0的进程数量
};
```

为提高信号量处理的效率，Linux 中对信号量的操作都是通过一个或多个信号集来实现的，并且系统提供了可对信号集中每个信号量以及对整个信号集的操作。

1. 信号量的创建

Linux 下使用系统函数 semget 可以创建一个新的信号集或者获取一个现有信号集的键值。它的函数原型如下：

```
#include <sys/types.h>
#include <sys/ipc.h>
#include <sys/sem.h>
int semget(key_t key, int nsems, int semflg);
```

该函数调用成功时会返回一个信号集的标识符，供其他信号量函数使用；失败时会返回 -1。

以下是对 semget 函数参数及返回值的解读。

1）参数 key

key 是由 ftok() 得到的信号集键值，不相关的进程将会通过这个值来访问同一个信号集，程序对任何信号量的访问都必须先由程序提供一个键值，再由系统生成一个相应的信号量标识码，只有 semget 函数才能直接使用信号量的键值，而其他信号量函数都必须使用由 semget 函数返回的信号量标识码。

信号量有一个特殊的 IPC_PRIVATE 键值，它的作用是创建一个只有创建者进程自己才能使用的信号量，并且创建者进程可以把这个标识码直接送往该进程创建的一个子进程中，这个键值一般很少使用，在 Linux 系统上，IPC_PRIVATE 键值通常被设为 0。

如果把键值 key 的作用比作一个文件的文件名，那么 semget 函数返回的信号量标识码就可以被比作 open 函数返回的那个文件描述符，而 key 代表了程序使用的某个资源。因此即便多个进程使用的是同一个信号量，不同进程也会有着不同的信号量标识码。

2）参数 nsems

nsems 指明了函数要创建的信号集包含的信号个数，如果是打开一个已有的信号集，可以把 nsems 的值设为 0。

3）参数 semflg

semflg 是一组操作标志，它的作用与 open 函数中使用的各种标志很相似，其低端的 9 个位表示该信号量的权限，相当于文件的访问权限；但它们可以与键值 IPC_CREAT 做按位或运算以创建一个新的信号量，可以通过 IPC_CREAT 和 IPC_EXCL 标志的组合确保进程创建出一个新的独一无二的信号量，如果该信号量已经存在，就会返回一个错误。semflg 参数可以取如下值或这些值的组合。

（1）IPC_CREAT：调用 semget 函数时，它会将此值与系统中其他信号集的 key 进行对比，如果存在相同的 key，说明信号集已存在，此时返回该信号集的标识符，否则就新建一个信号集并返回其标识符。

（2）IPC_EXCL：该宏标志不能单独使用，可以和 IPC_CREAT 组合在一起使用，否则就没有意义了。当 semflg 取 IPC_CREAT|IPC_EXCL 时，如果发现信号集已经存在，则返回错误，错误码为 EEXIST。

一般情况下，调用 semflg 函数创建或打开一个信号集，首先要通过 ftok 函数获取一个键值，然后明确信号集包含的信号个数，以及确定 semflg 的操作标志。其中 ftok 函数可以用来获取系统在建立 IPC 通信（信号量、共享内存和消息队列）时必须使用的一个 ID 值，在这里就是信号集的键值。ftok 函数的原型声明如下：

```
# include <sys/types.h>
# include <sys/ipc.h>
key_t ftok(const char *pathname, int proj_id);
```

ftok 函数的第一个参数 pathname 可以是一个指定的文件名或某个目录，但这个文件名或目录必须已经真实存在，并且能够被进程访问；第二个参数 proj_id 是子序号；ftok 函数会根据 pathname 给出的路径名提取其所在文件系统的信息（stat 结构的 st_dev 成员和 stat 结构的 st_ino 成员），再根据 proj_id 的值合成 semget 函数所需的信号集键值 key。在有些 UNIX/Linux 系统上，proj_id 的取值在 1~255 之间，可以自己设定；不同系统对 proj_id 值的范围以及对 key 值的计算方法会略有不同，读者可以通过 man ftok 来查询 proj_id 在自己系统上的取值范围。

在 Linux 系统中，ftok 函数会根据 pathname 所在的设备号（stat.st_dev）和 inode 号（stat.st_ino）以及 proj_id 三者的值来合成一个键值 key。其计算流程如下：

```
key1=stat.st_ino & 0xffff;              //保留低16位
key2=stat.st_dev& 0xff;                 //保留低8位
key2<<=16;                              //左移16位
key3=proj_id & 0xff;                    //保留低8位
key3<<=24;                              //左移16位
key=key1| key2|key3;
```

例如 pathname=" /tmp " 时，ftok 函数根据 pathname 提取出的设备号为 0x801，其 inode 号为 222209，换算成十六进制为 0x036401；而程序员设定的 proj_id=1，换算成十六进制就是 0x01，那么根据以上的算法，ftok 函数返回的 key_t 值就应该是 0x01016401。

例 10-6　创建一个信号集并输出它的键值。

```
/*演示程序ch10-5.c*/
#include <stdio.h>
```

```
#include <sys/types.h>
#include <sys/ipc.h>
#include <sys/sem.h>
#include <unistd.h>
#include <sys/stat.h>
#define PATHNAME " /tmp "
int main(int argc,char *argv[])
{
    key_t keyid;                                    //用于保存键值
    int sigid;
    int nsems,semflg;
    /*获取pathname所在文件系统的设备号及inode号*/
    struct stat stat_info;
    stat(PATHNAME,&stat_info);
    printf( " dev:%x\n " ,stat_info.st_dev);
    printf( " inode:%x\n " ,stat_info.st_ino);
    /*设置semget函数实参的值*/
    nsems=1;                                        //只包含1个信号
    semflg=IPC_CREAT|0666;                          //设置函数操作标志和访问权限
    if((keyid=ftok(PATHNAME,1) ) == -1){            //生成键值
        perror( " ftok() failed\n " );
        exit(1);
    }else
        printf( " key is %x\n " ,keyid);
    /*调用semget函数创建信号集*/
    if((sigid=semget(keyid,nsems,semflg) ) == -1){
        perror( " semget() failed\n " );
        exit(1);
    }
    printf( " sem create ok!\n " );
    return 0;
}
```

程序的运行结果如下：

```
dev:801
inode:36401
key is 1016401                              //以上值均为十六进制输出
sem create ok!
```

2. 信号量的操作

信号量的值反映了相应资源的使用情况，当它大于 0 时，表示当前可用资源的数量；当其值等于 0 时，表示当前可用资源已被占用。目前很多系统允许信号量的值小于 0，此时可用它的绝对值表示系统中等待该资源的进程个数。当然，信号量的值仅能由 P/V 操作来改变，在 Linux 中是用函数 semop 来实现 P/V 操作，它的函数原型如下：

```
#include <sys/types.h>
#include <sys/ipc.h>
#include <sys/sem.h>
int semop(int semid, struct sembuf *sops, unsigned nsops);
```

以下就是对这个函数的参数解读。

1）参数 semid

semid 是信号集的标识符。

2）参数 sops

sops 是一个指向 struct sembuf 结构类型的数组指针，结构数组中的元素都是 struct sembuf 类型。一般地，这个类型的简明定义可概括如下。

```
struct   sembuf {
        short sem_num;        //信号量的编号,如果使用的不是一组信号量,这个值就取0
        short sem_op;         //用于指定信号量进行一次P/V操作加减的数值,具体见表10-2
        short sem_flg;        //一般设置为SEM_UNDO,它将使操作系统跟踪当前进程对该信号量的修改
                              //情况,这样当一个进程在没有释放信号量的情况下结束了执行,该进程掌
                              //握的信号量就将由操作系统自动释放
}
```

表 10-2　struct sembuf 结构中成员项 sem_op 的取值及含义

取值情况	取值说明
sem_op>0	V 操作，信号加上 sem_op 的值，表示进程释放控制的资源
sem_op=0	如果 sem_flg 没有设置 IPC_NOWAIT，则调用进程挂起，直到信号值为 0；如果 sem_flg 设置了 IPC_NOWAIT 标志，则调用进程直接返回 EAGAIN
sem_op<0	P 操作，信号加上 sem_op 的值（相当于减法），若没有设置 IPC_NOWAIT，则调用进程阻塞，直到资源可用；否则进程直接返回 EAGIN

3）参数 nsops

nsops 指出 semop 函数将要进行操作的信号个数，一般为 1。

semop 函数是原子性操作，即它调用的一切动作都是一次性完成的，这是为了避免出现因使用多个信号量而可能发生的竞争现象。

下面给出了一个对某个信号集中信号进行 P/V 操作的大致代码结构。

```
/*P操作函数*/
int  semop_p(int semid,int semno){
    //忽略参数检查
    struct sembuf semops ={0,-1,IPC_NOWAIT};
    semops.sem_num=semno;
    if(semop(semid,&semops,1) = = -1){
     //错误处理代码
    }
    return 0;
}
/*V操作函数*/
int  semop_v(int semid,int semno){
    //忽略参数检查
    struct sembuf semops ={0,1,IPC_NOWAIT};
    semops.sem_num=semno;
    if(semop(semid,&semops,1) = = -1){
     //错误处理代码
    }
    return 0;
}
```

3. 信号集的控制

在使用信号量时，不可避免地要对信号集进行一些控制操作，如删除信号集、初始化信号集、查询某个信号量的当前值以及查询某个信号量的等待进程数等。为了完成这一系列的功能，Linux 提供了一个 semctl 控制函数，这个函数允许直接控制信号集中信号量的信息，其函数原型如下：

```
#include <sys/types.h>
#include <sys/ipc.h>
#include <sys/sem.h>
int semctl(int semid, int semnum, int cmd, ...);
```

semctl 函数用于对标识符为 semid 的信号集，或信号集中第 semnum 个信号量执行 cmd 指定的控制命令。对 semctl 函数的参数解读如下。

1）参数 semid

semid 为信号集的标识符。

2）参数 semnum

semnum 用来标识信号集中某个特定的信号（即信号量的编号），也是信号量在信号集中的索引，当它取值为 0 时，表示这是信号集中的第一个信号量。

3）参数 cmd

cmd 指明了控制操作的类型，Linux 提供了一系列的宏来表示这些操作类型。表 10-3 列出了一些常用的操作类型，其中 cmd 与 semun 共用体变量的关系非常密切，因此将它们放到一起讲解。

表 10-3　semctl 函数中 cmd 的常用取值及其含义

操作命令（宏）	操作说明
IPC_STAT	通过 semun 共用体的 buf 参数返回当前的 semid_ds 结构体
IPC_SET	对信号集的属性进行设置
IPC_RMID	从系统中删除由 semid 指定的信号集
SETVAL	设置信号集中由 semnum 指定的信号量的值
SETALL	设置信号集中所有信号量的值
GETVAL	返回信号集中由 semnum 指定的信号量的值
GETALL	返回信号集中所有信号量的值
GETPID	返回最后一个执行 semop 函数的进程 ID
GETNCNT	返回正在等待资源的进程数量
GETZCNT	返回正在等待完全空闲资源的进程数量

4）可选参数

最后的“…”说明函数的该项参数是可选的，它依赖于第三个参数 cmd 的值，如果需要这个参数，可以通过一个类型为 union semun 的共用体变量来选择要操作的参数。semun 结构在一般 Linux 系统中的定义如下：

```
union semun {
    int val;                        /*cmd=SETVAL时使用的值*/
    struct semid_ds *buf;           /*cmd=IPC_STAT或IPC_SET时使用的缓冲区 */
    unsigned short *array;          /*cmd=SETALL或GETALL时使用的数组*/
```

```
        struct seminfo *__buf;                    /*cmd=IPC_INFO时使用的缓冲区,Linux特有*/
    };
```

⚠️ **注 意** union semun 共用体结构在某些 Linux 版本中没有定义，此时读者需要自己去定义 semun 结构，但如果系统定义了该结构，最好原封不动地使用其中给出的定义。

下面利用参数 cmd 和 semun 共用体变量对信号集的操作。

① 删除一个信号集。

```
int semctl(semid,semnum,IPC_RMID,0);
```

② 初始化一个信号集。

信号集刚创建时，其中各信号量的初值是不确定的，因此需要为这个信号集中的信号量进行初始化赋值。信号集的初始化可以采用 SETALL 或 SETVAL 两种方法。例如：

```
/*利用SETALL进行信号集初始化*/
int semctl(semid,semnums,SETALL,array);
//这里,array是一个unsigned short数组指针,这个数组保存了各信号量的初值.
/*利用SETVAL进行信号量初始化*/
union semun semopts;
semopts.val = init_val;                //SETVAL表示设置信号集中某个信号量的值,这个值由共用
                                       //体变量中的val来提供
for(index=0;index<semnums;index++)
semctl(semid,index,semopts);           //循环为信号集中的信号量赋初值
```

③ 查询信号集中信号量的当前值。

利用 GETALL 或 GETVAL 命令可以查询信号量的当前值，它们的用法和 SETALL、SETVAL 一样，例如：

```
semval=semctl(semid,0,GETVAL,0);       //取得信号集中第一个信号量的当前值,并将该值作为函数的返
                                       //回值赋给semval变量
semctl(semid,semnums,GETALL,array);    //一次性获取信号集中所有信号量的当前值,这些信号量的
                                       //值会被放入一个由array指针指向的unsigned short型数组中
```

通过上面这些例子会发现：semctl 函数的返回值会根据 cmd 参数的不同而有所变化，当 semctl 函数调用失败时会返回 -1，并设置 errno 变量；如果 semctl 函数调用成功，该函数的返回值是一个依赖于参数 cmd 的非负值，表 10-4 列出了当参数 cmd 的值不同时，函数应返回的值。

表 10-4　semctl 函数返回值与参数 cmd 的关系

cmd 的取值	semctl 函数的返回值
GETVAL	semval 的值
GETPID	sempid 的值
GETNCNT	semncnt 的值
GETZCNT	semzcnt 的值
SEM_INFO 或 IPC_INFO	返回内核关于所有信号集记录数组的最大索引值，这个信息可用于重复执行 SEM_STAT 来获取系统内所有信号集的信息
SEM_STAT	信号集的标识符
其他	返回 0

10.2.3 使用信号量

使用信号量控制进程间通信时，首先要利用 semget 函数创建或打开一个信号集，对于创建信号集的进程而言，还需要利用 semctl 函数对信号集进行初始化工作。信号量通常用于控制进程间对共享资源的访问，进程通过调用 semop 函数执行信号量的 P/V 操作，从而通知其他进程或自身是否可以访问该共享资源。下面以实例来演示信号量的使用。

假定某个资源最多有 3 个可用实例，首先编写一个 server 进程用于创建信号集并进行初始化，同时还要检测资源的可用性，当发现有可用资源时什么都不用做，而当发现资源不可用时，每隔 3 秒要报警一次。然后编写一个 client 进程用于对资源的访问和对信号量的 P/V 操作，通过从标准输入读取 'p'、'v' 字符来模拟对信号量的 P 操作（此时占用一个资源的实例）和 V 操作（此时释放一个资源的实例），当从标准输入读取到 's' 和 'q' 时，进程分别执行显示可用资源和退出进程这两种操作。

例 10-7 信号量用于进程间通信的演示。

（1）server 进程，用于检测信号量的情况。

```
/*演示程序ch10-5.c,server,check sv*/
#include <stdio.h>
#include <sys/types.h>
#include <sys/ipc.h>
#include <sys/sem.h>
#define PATHNAME  " /tmp "
#define RESOURCE 3                          //信号量初值,表示最大资源数为3
union semun {                               //自定义union semun结构
        int val;
        struct semid_ds *buf;
        unsigned short *array;
        struct seminfo *__buf;
 };
int main(int argc,char *argv[])
{
   key_t keyid;
   int sigid;
   int nsems,semflg;
   union semun semopt;
   struct sembuf sbuf={0,0,SEM_UNDO};      //设定sem_op=0
   nsems=1;
   semflg=IPC_CREAT|0666;
   /*生成信号集所的键值 */
   if((keyid=ftok(PATHNAME,3) ) == -1){
       perror( " ftok() failed\n " );
       exit(1);
   }else
       printf( " key is %x\n " ,keyid);
   /*根据生成的键值创建一个只有一个信号量的信号集*/
   if((sigid=semget(keyid,nsems,semflg) ) == -1){
       perror( " semget() failed\n " );
       exit(1);
   }
   /*对信号集进行初始化*/
```

```
    semopt.val=RESOURCE;
    if(semctl(sigid,0,SETVAL,semopt)==-1){
        perror( " semctl() failed\n " );
        exit(1);
    }
    /*检测信号量的情况,当发现信号量为0时,每隔3秒报一次警*/
    while(1){
        if(semop(sigid,&sbuf,1)==0)            //进程休眠直到信号量为0
            printf( " resources have been exhausted\n " );
        sleep(3);
    }
    return 0;
}
```

（2）client 进程，用于占用或释放可用资源。

```
/*演示程序ch10-6.cclient,perform P/V(sv)*/
#include <stdio.h>
#include <sys/types.h>
#include <sys/ipc.h>
#include <sys/sem.h>
#define PATHNAME " /tmp "
#define RESOURCE 3
int main(int argc,char *argv[])
{
    key_t keyid;
    int sigid;
    int nsems,semflg;
    char opt;
    struct sembuf pbuf={0,-1,IPC_NOWAIT};       //P操作的参数
    struct sembuf vbuf={0,1,IPC_NOWAIT};        //V操作的参数
    nsems=1;
    semflg=IPC_CREAT|0666;
    /*生成信号集的键值,该键值必须和server进程的一样*/
    if((keyid=ftok(PATHNAME,3) ) == -1){
        perror( " ftok() failed\n " );
        exit(1);
    }else
        printf( " key is %x\n " ,keyid);
    /*通过这个和server进程相同的键值打开一个信号集*/
    if((sigid=semget(keyid,nsems,semflg) ) == -1){
        perror( " semget() failed\n " );
        exit(1);
    }
    /*对信号集进行P/V操作,用字符读取的控制方式模拟对共享资源的访问*/
    while(1){
        opt=getchar();
        switch(opt){
            case ' p ' :
                    if(semop(sigid,&pbuf,1)==-1)   //信号量为0时semop函数返回-1
                        printf( " -->resources have been exhausted\n " );
                    else
```

```
                            printf( " -->Total unused resources:%d\n " ,
                                            semctl(sigid,0,GETVAL,0));
                    break;
            case 'v':
                    if(semop(sigid,&vbuf,1)==-1)
                            printf( " -->V operation failed\n " );
                    else if(semctl(sigid,0,GETVAL,0)>RESOURCE){
                            printf( " -->resources to achieve maximum\n " );
                                            semop(sigid,&pbuf,1);
                    }
                    else
                            printf( " -->Total unused resources:%d\n " ,
                                            semctl(sigid,0,GETVAL,0));
                    break;
            case 's':
                     printf( " -->Total unused resources:%d\n " ,
                                            semctl(sigid,0,GETVAL,0));
                     break;
            case ' q ' :
                    exit(0);
        }
        sleep(1);
    }
    return 0;
}
```

在这个例子中，client 程序的运行结果如下：

```
key is 3010001
p                               <-键盘输入,使进程执行P操作,模拟进程占有一个可用资源实例
-->Total unused resources:2
p
-->Total unused resources:1
p
-->Total unused resources:0
s                               <-键盘输入,查看信号量值,等同于查看系统中还会有多少可用资源
-->Total unused resources:0
v                               <-键盘输入,使进程执行V操作,模拟进程释放一个可用资源实例
-->Total unused resources:1
v
-->Total unused resources:2
v
-->Total unused resources:3
v
-->resources to achieve maximum
s
-->Total unused resources:3
```

server 程序刚开始运行到检测信号量的代码时，进程会进入休眠状态，而此时 client 程序不断执行 P 操作，直到信号量为 0 时被 server 进程检测到，于是 server 进程被唤醒开始报警，当 client 进程开始执行 V 操作时，信号量开始大于 0，server 进程检测到这一变化后又一次进入休眠状态，其进程运行结

果如下：

```
key is 3010001
<进程挂起>
resources have been exhausted  //
resources have been exhausted
resources have been exhausted
        <进程挂起>
```

通过上面例子的演示，可以看到利用信号量的确可以在两个进程间实现通信，同时信号量也常被作为一种锁机制，用于控制对共享资源的竞争访问以及避免对资源的滥用。

10.3　共享内存

共享内存机制为多个进程之间的数据共享和传递提供了高效率的解决方案，它允许两个不相关的进程同时访问一块内存空间，由于共享内存机制本身不能处理同步问题，因此它常和其他通信机制（如信号量）结合使用。

10.3.1　认识共享内存

共享内存是 IPC 机制为进程间通信创建的一个特殊地址范围，同一块共享内存段可以被多个进程映射到自己的逻辑地址空间中（见图 10-5），这样所有的进程都可以共享访问这块内存，如果一个进程向这段共享内存写了数据，其他进程就会立即看到。

Linux 系统在内核中为每个共享内存段都维护了一个内部结构 shmid_ds，这和信号量机制是一样的，shmid_ds 结构定义在 Linux 系统的头文件 linux/shm.h 中，其定义如下：

```
struct shmid_ds {
    struct ipc_perm      shm_perm;       /*所有者及权限信息*/
    int                  shm_segsz;      /*共享内存段的大小,单位为字节*/
    __kernel_time_t      shm_atime;      /*最后一个进程访问共享内存的时间*/
    __kernel_time_t      shm_dtime;      /*最后一个进程离开共享内存的时间*/
    __kernel_time_t       shm_ctime;     /*最后一次修改共享内存的时间*/
    __kernel_ipc_pid_t   shm_cpid;       /*创建共享内存的进程PID*/
    __kernel_ipc_pid_t   shm_lpid;       /*最后操作共享内存的进程PID*/
    unsigned short        shm_nattch;    /*当前使用该共享内存的进程数量*/
    unsigned short        shm_unused;    /* compatibility */
};
```

图 10-5 描述了各进程的逻辑地址空间到可用共享内存区域的映射关系，实际情况要比这个示意图复杂得多，因为可用内存实际上是由物理内存和已经交换到磁盘上的内存页面共同组成的。这种共享虚拟内存的页面，将出现在每个共享该页面的进程页表中，但它在不同进程的虚拟内存中将会有不同的逻辑地址。

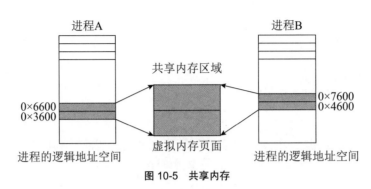

图 10-5　共享内存

像所有 System V 的 IPC 对象一样，对于共享内存对象的访问也由一个键值 key 来控制，并对访问权限进行检查。对于共享内存的竞争检查必须依赖于其他 IPC 机制，例如信号量等。

Linux 内核版本支持多种共享内存方式，如 Linux 从 2.2.x 内核版本就开始支持内存映射（通过 mmap 系统调用）、System V 共享内存以及 POSIX 共享内存三种方式。实际上，mmap 系统调用并不是完全为了共享内存而设计的，它本身提供了不同于对一般普通文件的访问方式，让进程可以像读写内存一样对普通文件进行操作，当然也可以用于共享内存机制，通常当内存映射 mmap 用在文件处理时，程序员可以使某个文件的内容看起来就像是内存中的一个数组。如果文件的内容由记录项组成，而每个记录项都能够用一个结构体来描述，那么程序员就可以通过存取结构数组来对文件内容进行修改。对这类虚拟内存段的读写操作会直接映射到磁盘文件中与之对应的部分。mmap 系统调用通常会创建一个指向某段内存的指针，并将该指针（内存块）与一个文件描述符对应的磁盘文件内容相关联。munmap 系统调用用于释放这块内存。同时 Linux 提供了 msync 系统调用，用于将内存段中被修改的内容回写到对应的文件中去。

相对于 mmap 内存映射机制，System V 共享内存机制是通过映射内核中特殊文件系统 shm 中的文件来实现的，这样 System V 共享内存的对象如果没有被显式删除的话，即使所有访问共享内存区域的进程都已终止，该共享内存区域的对象也仍然会在内核中出现，也就是说 System V 共享内存对象的生命周期和系统内核的生命周期是一致的，而通过调用 mmap 的内存映射机制用于进程间通信时，一定要考虑进程终止时间对通信的影响。另外，System V 共享内存中的数据从不会写入到实际磁盘文件中去，它仅是为了实现在进程间共享数据和传递数据而存在的。

POSIX 标准实现共享内存机制相对于 System V 要更加规范和简单，但 POSIX 共享内存在某些 Linux 发行版本中并没有完全实现，如 Redhat 8.0。另外，像 Linux 2.4 版本需要挂载特殊的共享内存文件系统才能使 POSIX 共享内存机制正常工作。而 System V 对共享内存的实现在各个系统上的区别很小，虽然略显复杂，但功能也很强大，同时便于移植。因此本节的重点还是放在对传统 System V 共享内存机制的学习上。如果读者对 mmap 内存映射和 POSIX 共享内存感兴趣，可以参考其他相关手册和书籍。

10.3.2 共享内存函数

System V 共享内存函数的使用与信号量函数的使用很相似，它们通常都被定义在 linux/shm.h 头文件中。从程序实现的角度讲，程序员首先需要创建或打开一个共享内存区，然后将该内存区域附加到进程的地址空间中去，当进程结束对共享内存区的使用时，需要断开进程与该内存区的连接，同时 Linux 也提供了像 semctl 那样的机制来控制对共享内存区的操作。

1. 共享内存的创建

linux 系统使用 shmget 函数来创建一个共享内存区，或者访问一个已存在的共享内存区。shmget 函数的原型定义如下：

```
#include <sys/ipc.h>
#include <sys/shm.h>
int shmget(key_t key, int size, int shmflg);
```

其中，参数 key 仍可以由 ftok 函数获取；参数 size 则表示以字节为单位的内存大小，如果是创建一个新的共享内存区，size 的值必须大于 0，而如果是访问一个已存在的共享内存区，则 size 的值需要设置为 0；shmflg 包含了 9 个权限设置位和操作标志位，对于这些操作标志的值可以通过一些宏来获得，例如 IPC_CREAT、IPC_EXCL 等，它们的意义和信号量函数 semget 中的操作控制宏大同小异。当 shmflg 取 IPC_CREAT|IPC_EXCL 时，和创建信号量时一样，得到的是系统中独一无二的一块共享内存区，如果该内存区已存在，则函数执行失败，返回 -1。

权限标志对共享内存来说非常重要，因为它们允许一个进程创建出这样一种共享内存：允许共享内存的创建者进程对这段共享内存进行写操作，而其他用户创建的进程却只能进行读操作，给共享内存加上相应的标志就可以提供一种有效的数据只读访问措施。

如果 shmget 函数调用成功，将返回一个非负整数，即该共享内存的标识码；如果函数调用失败，则返回 -1。

共享内存的创建和信号集的创建非常相似，例如：

```
if((shmid=shmget(shmkey,size,IPC_CREAT|0666) )==-1){
        //错误处理代码
}
```

其中，shmid 存放 shmget 函数的返回值，如果函数调用成功，则 shmid 就是这个共享内存区的标志码，后续的操作都将依赖于这个标识码；shmkey 同信号量的创建一样，都是由 ftok 函数生成的一个键值；size 则是共享内存的大小。

2. 建立 / 撤销共享内存区与进程地址空间的映射

共享内存区刚刚建立时，任何进程都不能访问它，必须先通过 shmat 函数将该内存区附加到进程的地址空间中去，只有建立了进程到共享内存区的访问路径后才能使用这块共享内存区域。而当进程结束对共享内存区的使用时，需要通过调用 shmdt 函数断开进程与共享内存区的连接。下面分别介绍这两个函数。

（1）shmat 函数：建立进程与共享内存区的连接。

```
#include <sys/types.h>
#include <sys/shm.h>
void *shmat(int shmid, const void *shmaddr, int shmflg);
```

shmat 函数调用成功后会返回一个指向共享内存区的通用指针（void* 型），使用该指针就可以访问共享内存区；如果函数调用失败，则会返回（void *）-1。

shmat 函数的第一个参数 shmid 为 shmget 函数的返回值。

shmat 函数的第二个参数 shmaddr 为共享内存的附加点，它指示了共享内存区将会附加到进程中的哪个位置。由于很少需要控制共享内存连接的地址，所以 shmaddr 的值通常设置为 NULL，此时系统内核会选择一个空闲的内存区，替程序挑选一个地址，否则会使程序对软硬件的依赖性过高。当然 shmaddr 的值也可以设置为非空，此时如果 shmflg 参数指定了 SHM_RND 值，该附加地址会变成 shmaddr 向下舍入一个共享内存低端边界地址后的地址；如果 shmflg 参数没有指定 SHM_RND 的值，则该附加地址就是由 shmaddr 指定的地址。

shmat 函数的第三个参数 shmflg 为存取权限和操作控制标志，它有两个常用的标志宏：

● SHM_RND：这个标志将与 shmaddr 参数一起控制共享内存的连接地址，如上所述。

● SHM_RDONLY：这个标志会使进程连接的共享内存区变成一个只读区间。

（2）shmdt 函数：断开进程与共享内存区的连接。

```
#include <sys/types.h>
#include <sys/shm.h>
int shmdt(const void *shmaddr);
```

参数 shmaddr 为 shmat 函数调用成功时的返回值。该函数调用成功后会返回 0，否则返回 -1。进程脱离共享内存区后，内核中 shmid_ds 数据结构的 shm_nattch 成员项的值为 -1，但是共享内存段依然存在，只有 shm_nattch 的值变成 0 后，此时没有任何进程再使用该共享内存区，这时才从内核中被删除。

由于共享内存本身并没有提供同步机制，因此对共享内存的访问同步需要依赖于其他 IPC 机制，如信号量等。例如：

```
char *shmaddr;
if((shmaddr=shmat(shmid,(char *)0,0) )==(char *)-1){
    //错误处理代码
}
```

以上这段代码将共享内存区连接到了进程，并返回一个指针 shmaddr 指向这块内存区域，接下来就可以配合信号量的 P/V 操作来对这块共享内存区进行读写了。例如：

```
waitsem();                 //进入休眠,直到信号量为1时
```

可以通过 semctl 和 GETVAL 定期检测 sem 的值来实现 waitsem 函数。

```
P(semid);                  //写共享内存前,执行P操作,相当于给共享内存加锁
strcpy(shmaddr,buf);       //通过shmaddr指针写内存
V(semid);                  //执行完共享内存的写操作后,执行V操作,相当于给共享内存解锁
```

3. 对共享内存区的控制

shmctl 函数可以用于对共享内存区的控制，以及读取共享内存的状态信息。它的函数原型如下：

```
#include <sys/ipc.h>
#include <sys/shm.h>
int shmctl(int shmid, int cmd, struct shmid_ds *buf);
```

同样 shmctl 函数的第一个参数 shmid 也是由 shmget 函数返回的共享内存标识码。

shmctl 函数的第二个参数为操作标志位，它支持表 10-5 列出的 3 种控制操作。

表 10-5　shmctl 函数支持的 3 种控制操作

cmd 的取值	操作说明
IPC_STAT	读取共享内存的 shmid_ds 结构，并将其存储到 buf 指向的地址中
IPC_SET	在进程有足够权限的前提下，设置共享内存区的 shmid_ds 结构
IPC_RMID	从系统中删除标识符为 shmid 的共享内存段

shmctl 函数的第三个参数 buf 是一个指向 shmid_ds 结构体的指针，该结构体保存了共享内存的模式状态和访问权限。

shmctl 函数调用成功时返回 0，否则返回 -1。

4．应用共享内存的编程步骤

（1）获得 key, ftok()。

（2）使用 key 来获得 / 创建一个共享内存 shmget()。

（3）映射共享内存（得到虚拟地址），shmat()。

（4）使用共享内存，C 编程。

（5）解除映射 shmdt()。

（6）如果共享内存不再使用，可以使用 shmctl() 销毁共享内存。

例 10-8 共享内存区控制函数的使用。

```c
/*程序文件ch10-7-1.c*/
#include <stdio.h>
#include <unistd.h>
#include <stdlib.h>
#include <sys/types.h>
#include <sys/ipc.h>
#include <sys/shm.h>
int main()
{
    /*1 生成key */
    key_t key = ftok( " ./ " , 200);
    printf( " key=%#x\n " , key);

    /*2 创建共享内存*/
    int shmid = shmget(key, 8,
                    IPC_CREAT|0666|IPC_EXCL);
    if(shmid == -1)
    {
        perror( " shmget failed! " );
        exit(1);
    }
    printf( " shmid =%#x\n " , shmid);
    /*3 映射共享内存,得到虚拟地址*/
    void *p = shmat(shmid, 0, 0);
    if((void *)-1 == p)
    {
        perror( " shmat failed " );
        exit(2);
    }

    /*4 读写共享内存*/
    int *pi = p;
    *pi = 0xaaaaaaaa;
    *(pi+1) = 0x55555555;
    /*5 解除映射*/
    if(shmdt(p) == -1)
```

```
{
    perror( " shmdt failed " );
    exit(3);
}
printf( " 解除映射成功按下回车销毁共享内存\n " );
getchar();
/*6 销毁共享内存*/
if(shmctl(shmid, IPC_RMID, NULL) == -1)
{
    perror( " shmctl " );
    exit(4);
}

    return 0;
}
/*程序文件ch10-7-2.c*/

#include <stdio.h>
#include <unistd.h>
#include <stdlib.h>
#include <sys/types.h>
#include <sys/ipc.h>
#include <sys/shm.h>

int main()
{
    /*1 生成key */
    key_t key = ftok( " ./ " , 200);
    printf( " key = %#x\n " , key);

    /*2 获取共享内存*/
    int shmid = shmget(key, 0, 0);
    if(shmid == -1)
    {
        perror( " shmget failed! " );
        exit(1);
    }
    printf( " shmid=%#x\n " , shmid);
    /*3 映射共享内存,得到虚拟地址*/
    void *p = shmat(shmid, 0, 0);
    if((void *)-1 == p)
    {
        perror( " shmat failed " );
        exit(2);
    }

    /*4 读写共享内存*/
    int x = *((int *)p);
    int y = *((int *)p + 1);
    printf( " x=%#x y=%#x\n " , x, y);
    /*5 解除映射*/
```

```
    if(shmdt(p) == -1)
    {
        perror( " shmdt failed " );
        exit(3);
    }

    return 0;
}
```

将上述两个程序源文件进行编译链接生成可执行文件，分别为 a 和 b。然后运行 a 和 b，程序运行结果如图 10-6 和图 10-7 所示。

```
tarena@ubuntu:~/linux$ gcc ch10-7-1.c -o  a
tarena@ubuntu:~/linux$ gcc ch10-7-2.c -o b
tarena@ubuntu:~/linux$ ./a
key=0xc80123e6
shmid =0x6800c
解除映射成功按下回车销毁共享内存
```

图 10-6　程序 ch10-7-1.c 运行结果

```
tarena@ubuntu:~/linux$ ./b
key = 0xc80123e6
shmid=0x6800c
x=0xaaaaaaaa y=0x55555555
tarena@ubuntu:~/linux$
```

图 10-7　程序 ch10-7-2.c 运行结果

5. 命令行访问 IPC

（1）命令 ipcs：功能是查询所有的 IPC。

选项：

-a　查看所有IPC。
-m　查看共享内存。
-q　查看消息队列。
-s　查看信号量。

（2）命令 ipcrm：功能是删除 IPC。

10.4　消息队列

消息队列是一个存放在内核中的消息链表，它允许一个或多个进程向它读写消息。每个消息队列都由一个标识符来标识，与管道不同的是消息队列是存放在内核中的，只有在内核重启或者显式地删除一个消息队列时，该消息队列才会被真正删除，为此 Linux 系统在内核中维护着一个消息队列的向量表 msgque。消息队列克服了信号量传递信息少，管道只能支持无格式字节流和缓冲区受限的缺陷，另外消息队列相对于管道而言，不需要进程自己来提供同步机制，这也是消息队列的一大优势。

10.4.1 消息队列概述

Linux 中的消息队列就是一个消息的链表，这个链表中的每个元素（消息）都具有特定的格式和特定的优先级，对消息队列有写权限的进程可以按照一定的规则向消息队列中添加新消息，而对消息队列有读权限的进程则可以从消息队列中取出已有的消息。并且，当进程向消息队列中写入一个新消息时，不必等待其他进程是否接收该消息，而读取消息队列的进程如果没有收到该消息也不会被挂起。正是由于消息队列这种简单的通信机制，基本回避了使用命名管道时的同步和阻塞问题，并且减少了在使用管道时需要打开和关闭管道那样的麻烦。不过消息队列也并没有完全解决在使用命名管道时遇到的各种问题，例如当管道满时的阻塞问题等。相对于管道，消息队列具有"预报"紧急消息的能力，虽然新的消息总是被放在队列的末尾，而消息队列的访问顺序基本是按先入先出的原则进行的，但接收消息时也并不一定总是从消息的头部接收，它允许从消息队列中的某个位置来接收。

System V 的消息队列是存在于 Linux 内核中的，因此 Linux 在内核中为操作消息队列设计了一系列的数据结构，图 10-8 简要描述了这些内核数据结构与消息队列之间是如何建立联系的。其中 msg_ids 是一个 struct ipc_ids 型的结构体变量，内核中所有的消息队列都可以在结构变量 msg_ids 中找到自己的访问入口，关于 struct ipc_ids 结构的定义如下：

```
struct ipc_ids {
        int size;
        int in_use;
        int max_id;
        unsigned short seq;
        unsigned short seq_max;
        struct semaphore sem;
        spinlock_t ary;
        struct ipc_id* entries;          /*指向一个struct ipc_id型的结构数组*/
}; //Linux内核源代码ipc/util.h
```

图 10-8　消息队列的内核数据结构及其联系

前面说过，消息队列就是一个消息的链表，为了便于对链表进行操作，每个链表都应设置一个头指针来指向这个链表。消息队列也需要有这样一个头指针，Linux 系统用一个 struct msg_queue 结构来保存消息队列的队列头，这个队列头包含了消息队列的大量信息，包括消息队列的键值、用户 ID、组 ID 以及消息队列中消息的数量和消息队列的头指针等。通过消息队列的队列头变量，Linux 系统可以很方便地对消息队列进行操作。struct ipc_id 结构体中只有一个类型为 struct kern_ipc_perm 的指针 p，这个指针实际上就指向了一个 struct msg_queue 结构体变量中的 q _ perm 成员项。struct ipc_id 和 struct msg_queue 结构体的定义分别如下：

```
struct ipc_id {
struct kern_ipc_perm* p;              /*指向msg_queue型变量中的q _ perm成员项*/
};//Linux内核源代码ipc/util.h
```

此时，通过 msg_ids.entries.p 就可以找到某个消息队列的队列头 msg_queue。struct msg_queue 结构体的定义如下：

```
struct msg_queue {
        struct kern_ipc_perm q_perm;
        time_t q_stime;                      /*上一次msgsnd的时间*/
        time_t q_rtime;                      /* 上一次msgrcv的时间*/
        time_t q_ctime;                      /* 属性变化时间*/
        unsigned long q_cbytes;              /* 队列当前字节总数  */
        unsigned long q_qnum;                /* 队列当前消息总数  */
        unsigned long q_qbytes;              /*一个消息队列允许的最大字节数  */
        pid_t q_lspid;                       /* 上一个调用msgsnd的进程ID*/
        pid_t q_lrpid;                       /* 上一个调用msgrcv的进程ID */
        struct list_head q_messages;         /*消息队列*/
        struct list_head q_receivers;        /*从该消息队列等待接收的所有进程*/
        struct list_head q_senders;          /*向该消息队列等待发送的所有进程*/
};//Linux内核源代码ipc/msg.c
```

同时，Linux 系统在内核中为每个消息队列都维护了一个 struct msqid_ds 数据结构，用于记录消息队列的当前状态，它的定义在 linux/msg.h 头文件中，代码如下：

```
struct msqid_ds {
        struct ipc_perm    msg_perm;         /*消息队列的访问权限和所有者信息*/
        struct msg    *msg_first;            /*指向队列中的第一条消息*/
        struct msg    *msg_last;             /*指向队列中的第二条消息*/
        __kernel_time_t   msg_stime;         /*向队列中发送最后一条消息的时间*/
        __kernel_time_t   msg_rtime;         /*从队列中获取最后一条消息的时间*/
        __kernel_time_t   msg_ctime;         /*最后一次变更消息队列的时间*/
        unsigned short    msg_cbytes;        /*队列中所有消息占用的字节数*/
        unsigned short    msg_qnum;          /*队列中所有消息的数目*/
        unsigned short    msg_qbytes;        /*消息队列的最大字节数*/
        __kernel_ipc_pid_t msg_lspid;        /*向队列中发送最后一条消息的进程PID*/
        __kernel_ipc_pid_t msg_lrpid;        /*从队列中接收最后一条消息的进程PID*/
};
```

此外，消息队列中的每个消息都有特定的类型，在向消息队列发送消息时，必须定义其合理的数据结构。为此，Linux 系统在 linux/msg.h 头文件中定义了一个消息体结构的模板 msgbuf，其定义如下：

```
struct msgbuf {
        long mtype;            /*消息类型,实现消息的一种简单优先级设置*/
        char mtext[1];         /*消息内容*/
};
```

msgbuf 结构体的 mtype 字段代表消息的类型，一旦给消息指定了一个类型，即可在消息队列中重复使用该消息。它的第二个字段 mtext 保存着消息的内容，虽然模板中定义为 char 类型，且只包含 1 个字符的内容，但消息的内容实际上可以是任何类型，可以根据需要自定义该消息体结构，例如：

```
struct msgbuf {
        long mtype;
        long val[MSGSIZE];          //MSGSIZE=16
};
```

消息队列也有它自己的不足，即消息队列中每个消息的大小是有限制的，linux/msg.h 中的宏 MSGMAX 给出了一个消息的最大长度，默认为 8192 个字节，而消息队列的总长度也有一个上限，默认为 16384 个字节，在实际编程中应注意。

10.4.2 消息队列函数

同前面的 IPC 机制一样，对消息队列的操作无非是这三种类型：创建消息队列、读写消息队列以及获取或设置消息队列的属性。同信号量、共享内存一样，消息队列的内核持续性要求每个消息队列都在内核中拥有唯一一个键值（通过 ftok 函数生成），要想获得一个消息队列的标识码，只需要提供该消息队列在内核中的键值即可。

1. 创建消息队列

消息队列的创建通过调用 msgget() 函数来实现，以下是函数调用所需头文件以及函数原型及使用。

```
#include <sys/types.h>
#include <sys/ipc.h>
#include <sys/msg.h>
int msgget(key_t key, int msgflg);
```

msgget 函数的第一个参数就是该消息队列的键值，它可以通过 ftok 函数生成，它有一个特殊的键值 IPC_PRIVATE，其作用是创建一个仅能由本进程访问的私用消息队列；函数的第二个参数 msgflg 为权限标志位和操作标志位，它与前面提到的 semget 和 shmget 函数用法是一样的。

msgget 函数调用成功时会返回一个正整数，即消息队列的标识码；而当调用失败时则会返回 -1。

2. 读写消息队列

创建一个消息队列后，就可以对该消息队列进行读写操作了，函数 msgsnd 用于向消息队列写消息，而函数 msgrcv 用于从一个消息队列中读取消息。消息队列的读写操作非常简单，首先需要定义一个消息体结构 struct msgbuf，其成员项 mtype 代表了消息的类型，从消息队列中读取消息的一个重要依据就是该消息的类型。对于写消息来说，首先预置一个 msgbuf 缓冲区并填充消息的类型和内容，然后调用 msgsnd 函数即可。而对于读取消息来说，也是首先分配这样一个 msgbuf 缓冲区，然后调用 msgrcv 将消息读入这个缓冲区即可。

1）写消息队列

向消息队列中写数据是通过调用 msgsnd() 函数来实现的，以下是函数调用所需头文件以及函数原型及使用。

```
#include <sys/types.h>
#include <sys/ipc.h>
#include <sys/msg.h>
int msgsnd(int msqid, struct msgbuf *msgp, size_t msgsz, int msgflg);
```

msgsnd 函数用于向一个消息队列写消息，其各个参数含义如下。

①参数 msqid：消息队列的标识码，它由 msgget 的返回值提供。

②参数 msgp：msgp 是一个指向 struct msgbuf 消息体的指针，即指向要发送的消息。

③参数 msgsz：指发送消息内容的大小，不包含消息类型占用的 4 个字节。

④参数 msgflg：操作标志位，msgflg 设置为 0 时，当消息队列已满时，msgsnd 函数会被阻塞，直到消息可以写进队列为止；msgflg 设置为 IPC_NOWAIT 时，当消息队列已满时，msgsnd 函数会立即返回，返回的错误码是 EAGAIN，说明消息队列已满。

msgsnd 函数调用成功时返回 0，失败时返回 -1。常见的错误码除了 EAGAIN 外，还有 EIDRM（消息队列已删除）和 EACCESS（写消息队列的权限不够）等。

以下是调用 msgsnd 函数写消息队列的一个代码片段。

首先定义一个消息体变量：

```
struct msgbuf{
    long mtype;
    char msgval[MSGSIZE];         //MSGSIZE预定义为64
}msgbuffer;
```

然后向这个消息体 msgbuffer 填充消息类型和消息内容，并计算消息内容的长度：

```
msgbuffer.mtype=2;
strcpy(msgbuffer.msgval, " Hello! " );
msglen=sizeof(struct msgbuf)-sizeof(long);
```

最后调用 msgsnd 函数发送这个消息：

```
if(msgsnd(msqid,&msgbuffer,msglen,0)==-1){
    //错误处理代码
}
```

其中 msqid 是由 msgget 函数返回的消息队列标识码。

2）读消息队列

从消息队列中读取数据是通过调用 msgrcv() 函数来实现的，以下是函数调用所需头文件以及函数原型及使用。

```
#include <sys/types.h>
#include <sys/ipc.h>
#include <sys/msg.h>
ssize_t  msgrcv(int msqid, struct msgbuf *msgp, size_t msgsz,
    long msg-typ, int msgflg);
```

当消息队列中放入消息后，其他进程就可以调用 msgrcv 函数来读取其中的消息了，该函数有 5 个参数，其含义如下。

①参数 msqid：消息队列的标识码，由 msgget 函数的返回值提供。

②参数 msgp：读取的消息将存放到由 msgp 指向的消息体结构中。

③参数 msgsz：消息缓冲区的大小，不包括消息类型的长度。

④参数 msg-typ：请求读取的消息类型，它是读取消息队列的重要依据之一，相当于给队列中的消息设置了一种简单的优先级分类。msg-typ 的取值可以等于 0、大于 0 或小于 0，当它们取不同值时对消息读取的影响见表 10-6。

表 10-6　msgrcv 函数中参数 msg-typ 的取值范围及其对消息读取的影响

msg-typ 的取值范围	对消息读取的影响
msg-typ>0	读取队列中消息类型与 msg-typ 相同的第一个消息，这类取值适用于读取消息队列中某一类特定类型的消息
msg-typ=0	读取队列中第一个可用的消息，这种取值适用于按消息的发送顺序依次读取，是一种先入先出的访问机制
msg-typ<0	读取队列中消息类型小于或等于 msg-typ 的绝对值的第一个消息，这类取值适用于读取某几类特定类型的消息

⑤参数 msgflg：操作标志位，msgflg 可以取 IPC_NOWAIT、IPC_EXCEPT 和 IPC_NOERROR 三个常量，它们的含义见表 10-7。

表 10-7　msgrcv 函数中参数 msgflg 的取值及其含义

msgflg 的取值	操作说明
IPC_NOWAIT	如果没有满足条件的消息，msgrcv 函数立即返回，错误码为 ENOMSG
IPC_EXCEPT	与 msg-typ 配合使用，返回队列中第一个类型不为 msg-typ 的消息
IPC_NOERROR	如果队列中满足条件的消息内容大于所请求的 msgsz 字节，则将该消息截断，截断的部分被丢弃

msgrcv 函数调用成功后会返回读取消息的实际字节数，否则返回 -1。

以下是调用 msgrcv 函数读取消息队列的一个代码片段。

首先定义一个消息体变量，用于接收消息队列中的消息：

```
struct msgbuf{
    long mtype;
    char msgval[MSGSIZE];            //MSGSIZE预定义为64
}msgbuffer;
```

然后设置 msgrcv 函数请求读取消息的大小和类型：

```
msglen=sizeof(struct msgbuf)-sizeof(long);
msgtype=2;     //消息类型为2
```

最后调用 msgrcv 函数读取队列中的消息：

```
if(msgrcv(msqid,&msgbuffer,msglen,msgtype,0)==-1){
    //错误处理代码
}
```

其中 msqid 是由 msgget 函数返回的消息队列标识码。

3. 获取或设置消息队列的属性

消息队列的属性基本都保存在数据结构 msqid_ds 中，可以通过函数 msgctl 获取或设置消息队列的属性，其函数原型如下：

```
#include <sys/types.h>
#include <sys/ipc.h>
```

```
#include <sys/msg.h>
int msgctl(int msqid, int cmd, struct msqid_ds *buf);
```

函数 msgctl 将对 msqid 标识的消息队列执行 cmd 操作，系统为它定义了 3 种类型的 cmd 操作，分别是 IPC_STAT、IPC_SET 和 IPC_RMID，它们所代表的含义如下。

（1）IPC_STAT：该命令用来获取消息队列对应的 msqid_ds 数据结构，并将其保存在 buf 指向的地址空间中。

（2）IPC_SET：根据 buf 中存储的属性来设置消息队列的属性，可设置的常用属性包括 msg_perm.uid、msg_perm.gid、msg_perm.mode 以及 msg_qbytes 等。

（3）IPC_RMID：从内核中删除 msqid 标识的消息队列。

如果函数调用成功则返回 0，否则返回 -1。如果删除一个消息队列时，还有其他进程等待写或读消息队列，则 msgsnd 或 msgrcv 函数调用失败，它们的返回值都为 -1。

10.4.3 消息队列编程实例

消息分为有类型消息和无类型消息，无类型消息编程简单，但接收数据时无法细分，只能盲目地先入先出。有类型消息编程比较规范，接收消息时可以区分，按照指定的消息类型完成消息的先入先出。

1. 消息队列编程步骤

（1）ftok() 生成 key。

（2）使用 msgget() 创建 / 获取消息队列，返回值为队列标识符。

（3）发送消息 msgsnd(...)；

接收消息 msgrcv(...)；

使用以上两个函数保证了数据的先入先出。

（4）msgctl 删除消息队列。

2. 消息队列编程实例

例 10-9　消息队列的简单使用实例。

```
/*程序文件ch10-8-1.c*/
#include <stdio.h>
#include <stdlib.h>
#include <unistd.h>
#include <sys/types.h>
#include <sys/ipc.h>
#include <sys/msg.h>
int main()
{
    /*1 生成key*/
    key_t key = ftok( "." , 100);
    if(key == -1)
    {
        perror( " ftok failed " );
        exit(1);
    }
    printf( " key = %#x\n " , key);
    /*2 创建消息队列*/
```

```
    int msgid =msgget(key,
                      0666|IPC_CREAT|IPC_EXCL);
    if(msgid == -1)
    {
        perror( " msgget failed " );
        exit(2);
    }
    /*3 收发数据*/
    msgsnd(msgid, " hello world!\n " , 14, 0);

    /*4 删除消息队列*/
    printf( " 按下回车销毁消息队列\n " );
    getchar();

    if(msgctl(msgid, IPC_RMID, NULL) == -1)
    {
        perror( " msgctl failed " );
        exit(3);
    }
    return 0;
}
/*程序文件ch10-8-2.c*/
#include <stdio.h>
#include <stdlib.h>
#include <unistd.h>
#include <sys/types.h>
#include <sys/ipc.h>
#include <sys/msg.h>

int main()
{
    /*1 生成key*/
    key_t key = ftok( " . " , 100);
    if(key == -1)
    {
        perror( " ftok failed " );
        exit(1);
    }
    printf( " key = %#x\n " , key);
    /*2 获取消息队列*/
    int msgid =msgget(key, 0);
    if(msgid == -1)
    {
        perror( " msgget failed " );
        exit(2);
    }
    /*3 收发数据*/
    char buf[100] = {};
    msgrcv(msgid, buf, 100, 0, 0);
    printf( " 从消息队列取到的内容:%s\n " ,buf);
    return 0;
}
```

对上述两个源程序进行编译链接生成两个可执行文件 ch10-8-1 和 ch10-8-2，运行结果如图 10-9 和图 10-10 所示。

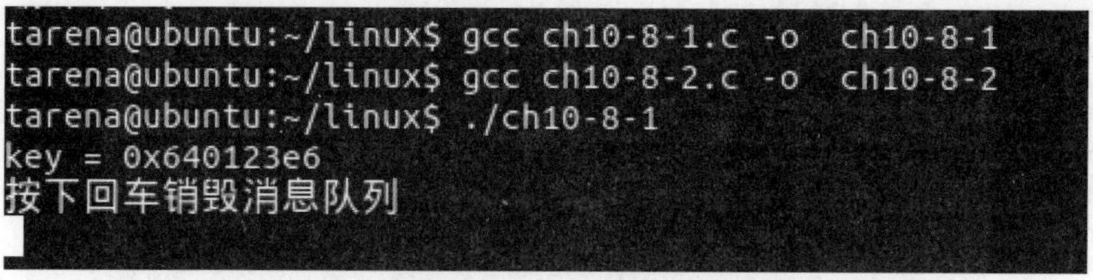

图 10-9　程序 ch10-8-1.c 运行结果

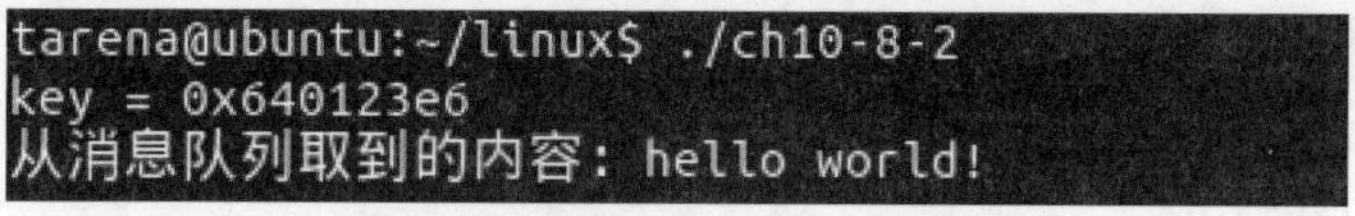

图 10-10　程序 ch10-8-2.c 运行结果

当再次运行 ch10-8-2 时，由于消息队列中的消息已经被读取，所以读不到任何内容，读者可以自行测试。

例 10–10　有消息类型的消息队列的使用实例。

```c
/*程序文件:ch10-9-1.c*/
#include <stdio.h>
#include <stdlib.h>
#include <unistd.h>
#include <sys/types.h>
#include <sys/ipc.h>
#include <sys/msg.h>
#include <string.h>
struct _msg
{
    long mtype;//消息类型
    char buf[256];//有效数据
}msg1, msg2;

int main()
{
    /*1 生成key*/
    key_t key = ftok( " . " , 100);
    /*2 创建消息队列*/
    int msgid = msgget(key, 0666|IPC_CREAT);
    if(msgid == -1)
    {
        perror( " msgget failed " );
        exit(1);
    }
    /*3 发送数据*/
    msg1.mtype = 2;
    //msg1.buf = "hello2";???
    strcpy(msg1.buf, " hello2 " );
```

```
        msgsnd(msgid, &msg1, sizeof(msg1.buf), 0);//阻塞

        msg2.mtype = 1;
        strcpy(msg2.buf, " hello1 " );
        msgsnd(msgid, &msg2, sizeof(msg2.buf), 0);

        /*4 销毁队列*/
        getchar();
        msgctl(msgid,IPC_RMID,NULL);
        return 0;
}

/*程序文件:ch10-9-2.c*/
#include <stdio.h>
#include <stdlib.h>
#include <unistd.h>
#include <sys/types.h>
#include <sys/ipc.h>
#include <sys/msg.h>
#include <string.h>

struct _msg
{
    long mtype;//消息类型
    char buf[256];//有效数据
}msg1, msg2;

int main()
{
    /*1 生成key*/
    key_t key = ftok( " . " , 100);
    /*2 获取消息队列*/
    int msgid = msgget(key, 0);
    if(msgid == -1)
    {
        perror( " msgget failed " );
        exit(1);
    }
    /*3接收消息*/
    int res = msgrcv(msgid, &msg1,
                    sizeof(msg1)-4,
                    0, //取消息类型为1的firstM
                    0);//block
    while(res!=-1)
    {
    printf( " 消息,%s, 类型,%ld\n " ,
            msg1.buf,
            msg1.mtype);
     res=msgrcv(msgid,&msg1,sizeof(msg1)-4,0,0);
    /*4 销毁队列*/
    }
     return 0;
}
```

将上述两个程序分别编译链接生成两个可执行文件 ch10-9-1 和 ch10-9-2，执行结果如图 10-11 所示。

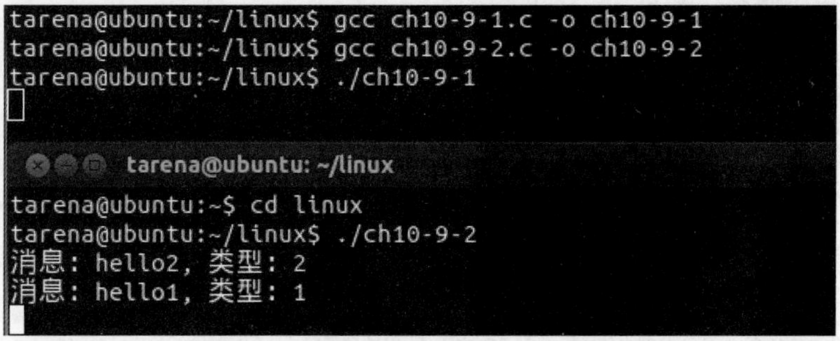

图 10-11　有消息类型的消息队列的读取结果

由程序运行结果看出，可以根据需要读取不同类型的消息。读者也可以设置多个类型的消息，从而丰富 ch10-9-1.c 和 ch10-9-2.c 的内容，根据需要自行测试。

10.4.4 ATM 的实现

本节的 ATM 主要实现开户功能，其他功能请参照 7.5 节的项目实战。

服务器端程序：

```
/*程序文件:ATM_server.c*/
#include " bank.h "
#include<signal.h>
#include<sys/wait.h>
  account xinhu;
  msg message;
  int msgid1;
  int msgid2;
void open_account(void)
{   int fd=open( " id.txt " ,O_RDWR|0666);
  if(fd==-1)
   {perror( " open id.txt failed " );
    exit(1);}
  int id;
   read(fd,&id,4);

  close(fd);
  xinhu.id=id;
  id++;
 fd=open( " id.txt " ,O_RDWR|O_TRUNC|0666);
   if(fd==-1)
   { perror( " open id.txt failed " );
     exit(2);}
   lseek(fd,0,SEEK_SET);
  write(fd,&id,4);
  close(fd);
```

```
     char filename[20]={};
     sprintf(filename, " %d.dat " ,xinhu.id);
     fd=open(filename,O_RDWR|O_CREAT|O_EXCL,0600);
      if(fd==-1)
       { perror( " 创建文件失败 " );
         exit(1);}
     if(write(fd,&xinhu,sizeof(xinhu))<0){exit(3);}
   account yh;
     lseek(fd,0,SEEK_SET);
     read(fd,&yh,sizeof(yh));
     printf( " %d  :%s  :%s  :%lf " ,yh.id,yh.name,yh.passwd,yh.balance);
     close(fd);
     if(msgsnd(msgid2, " success " ,sizeof( " success " ),0)==-1)
     { perror( " msgsnd failed " );
       exit(-1);}
     printf( " 成功 " );}
   void fa(int signo)
    { msgctl(msgid1,IPC_RMID,NULL);
     msgctl(msgid2,IPC_RMID,NULL);
     exit(4);
   }
   void xiao_account()
    {char filename[20]={};account zhanghu;
     sprintf(filename, " %d.dat " ,xinhu.id);
     int fd=open(filename,O_RDWR|0666);
     if(fd==-1)
      {perror( " 打开文件失败 " );
      exit(-1);}
       read(fd,&zhanghu,sizeof(zhanghu));
       if(zhanghu.id==xinhu.id&&(!strcmp(zhanghu.name,xinhu.name))&&(!strcmp(zhanghu.
passwd,xinhu.passwd)))
         { // unlink(filename);
           if(msgsnd(msgid2, " success " ,sizeof( " success " ),0)==-1)
             {perror( " msgsnd failed " );
               exit(-1);}

           if(!unlink(filename)) printf( " 用户id为%d的用户销户成功 " ,xinhu.id);
           else printf( " 用户id为%d的用户没能销户 " ,xinhu.id);
           }
     else
        printf( " 您输入的信息是错误的,因此无法销户,请检查 " );
   return;

   close(fd);
    }
   void cun_account()
   { char filename[20];
     int fd;
     account temp;
     sprintf(filename, " %d.dat " ,xinhu.id);
     printf( " %s " ,filename);
     if(fd=open(filename,O_RDWR|0666)==-1)
```

```
        {perror( " 打开文件失败 " );
         exit(-1);}
     if(read(fd,&temp,sizeof(temp))==-1){perror( " read1 failed " );exit(-1);}
      printf( " id:%d,name:%s,balance:%lf " ,temp.id,temp.name,temp.balance);
     if(temp.id==xinhu.id&&(!strcmp(xinhu.name,temp.name))&&(!strcmp(xinhu.passwd,temp.
passwd)))
          { temp.balance=temp.balance+xinhu.balance;
           lseek(fd,0,SEEK_SET);
          if(msgsnd(msgid2, " success " ,sizeof( " success " ),0)==-1)
            {perror( " msgsnd failed " ); exit(-1);}

          if(write(fd,&temp,sizeof(temp))==-1)
             {  perror( " write failed " );exit(-1);}
          lseek(fd,0,SEEK_SET);
          account temp1;
           read(fd,&temp1,sizeof(temp1));
         printf( " 现在是%lf " ,temp1.balance);}

        else
        printf( " 输入的有问题,请检查 " );
      close(fd);
      return;

      }
     int main()
      {int status=0;
      signal(SIGINT,fa);
       if(key1==-1)
        {perror( " ftok failed " );
         exit(1);}
       if(key2==-1)
       {perror( " ftok failed " ); exit(2);}
          msgid1=msgget(key1,0666|IPC_CREAT|IPC_EXCL);
         msgid2=msgget(key2,0666|IPC_CREAT|IPC_EXCL);
       if(msgid1==-1)
        { perror( " msgget failed " );
          exit(1);}
       if(msgid2==-1)
        { perror( " msgget failed " );
          exit(2);}
     while(1)
     {
      msgrcv(msgid1,&message,sizeof(xinhu),0,0);
       xinhu=message.acc;
          printf( " message.mtype=%ld\n " , message.mtype);
           switch(message.mtype)
           {
                case 1:open_account();break;
                case 2:xiao_account();break;
                case 3:cun_account();break;
           }
          exit(2);
```

```
    }
}
/*程序文件:ATM_client.c*/
#include"bank.h"
account zh;
msg msg1;
void openacc(void)
{   zh.id=0;
    printf( " 您选择的是%d,----【开户】请继续输入其他信息\n " ,M_OPEN);
    printf( " 请您输入姓名：  " );
    scanf( " %s " ,zh.name);
    printf( " \n请您输入密码：  " );
    scanf( " %s " ,zh.passwd);
    printf( " \n请您输入金额：  " );
    scanf( " %lf " ,&zh.balance);
    printf( " \n " );
 msg1.mtype=1;
 msg1.acc=zh;
}
//销户处理函数
void cunqian(void)
 {
    account zh;
    msg1.mtype=3;
    printf( " 您选择的是%d,----【存钱】请继续输入信息\n " ,M_STORE);
    printf( " 请您输入你的id号   " );
    scanf( " %d " ,&zh.id);
    printf( " 请输入你的姓名 " );
    scanf( " %s " ,zh.name);
    printf( " 请输入你的密码 " );
    scanf( " %s " ,zh.passwd);
    printf( " 请输入你要存入的金额 " );
    scanf( " %lf " ,&zh.balance);
    printf( " 请稍等..... " );
    msg1.acc=zh;
    return;
 }
void xiaohu(void)
 {
    account zh;
    msg1.mtype=2;
    printf( " 您选择的是%d,----【销户】请继续输入信息\n " ,M_DESTROY);
    printf( " 请您输入你的id号 " );
    scanf( " %d",&zh.id);
    printf( " 请输入你的姓名 " );
    scanf( " %s",zh.name);
    printf( " 请输入你的密码 " );
    scanf( " %s",zh.passwd);
    printf( " 请稍等..... " );
    msg1.acc=zh;
    return;
 }
```

```
void huoqu();
int main()
{/*显示主界面*/
 int type=0;
// printf( " %d " ,strlen( " suc " ));
// printf( " %d " ,sizeof( " suc " ));
 while(1)
{ /*将界面显示出来*/

   printf( " 欢迎使用ATM机,请您选择相应服务编号\n " );
   printf( " =====================\n " );
   printf( " [开户],请选择 1\n " );
   printf( " [销户],请选择 2\n " );
   printf( " [存钱],请选择 3\n " );
  printf( " [取钱],请选择 4\n " );
  printf( " [查询],请选择 5\n " );
  printf( " [转账],请选择 6\n " );
   printf( " =====================\n " );
   /*接收用户的输入选择*/
   scanf( " %d " ,&type);
   /*根据选择调用不同的函数*/
   switch(type)
   {case 1:openacc();huoqu();break;//接收用户输入的name passwd  balance,进行测试
    case 2:xiaohu();huoqu();break;
    case 3:cunqian();huoqu();break;
    /* case 2:xiaohu();break;
    case 3:quqian();break;
    case 4:chaxun();break;
    case 5:zhuanzhang();break;*/
   }}}
void huoqu()
{
  int msgid1=msgget(key1,0);
  if(msgid1==-1)
    {perror( " msgget failed " );
     exit(2);}}
  int msgid2=msgget(key2,0);
  if(msgid2==-1)
    {perror( " msgget failed " );
     exit(3);}}
 msgsnd(msgid1,&msg1,sizeof(zh),0);
 char *buf=malloc(strlen( " success " ));
 int a=sizeof( " success " );
if(msgrcv(msgid2,buf,a,0,0)==-1)
 {perror( " msgrcv failed " );
  exit(-1);}}
else
 printf( " \n%s " ,buf);
}
/*头文件:bank.h*/
#ifndef _BANK_H_
```

```
#define _BANK_H_
#include <stdio.h>
#include <unistd.h>
#include <sys/ipc.h>
#include <sys/msg.h>
#include <string.h>
#include <stdlib.h>
#include <sys/types.h>
#include <fcntl.h>
#define M_OPEN 1
#define M_DESTROY 2
#define M_STORE   3
#define M_QUQIAN 4
#define M_CHAXUN 5
#define M_ZHUAN   6
#define M_SUCCESS 7
#define M_FAILED 8
extern const int  key1;
extern const int  key2;
typedef struct _account
{ int id;
   char name[256];
   char passwd[8];
   double balance;}account;
typedef struct _msg
 { long mtype;
    account acc;}msg;
#endif
```

对上述的两个源文件进行编译链接生成可执行文件，服务器端程序执行后，再执行客户端程序，执行结果如图 10-12 和图 10-13 所示。

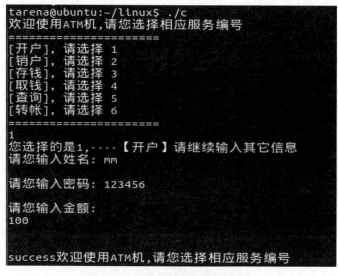

图 10-12 ATM 客户端程序执行界面

图 10-13　ATM 服务器端程序执行界面

10.5　小结

本章详细介绍了 Linux 操作系统下的通信机制，包括古老的管道、信号量、共享内存以及消息队列等方式。并介绍了各个通信机制的概念、特点和使用方法，通过大量实例详细介绍了相关的操作函数。

◇◇ 习 题 ◇◇

一、填空题

1. Linux 支持 UNIX System V 中的三种进程间通信机制，它们分别是_____、_____、_____。

2. 管道分为_____和_____。

3. 最快的一种进程通信机制是_____。

4. 在命令行中输入命令_____可以得到 IPC 机制中所有对象的状态。

5. 打开或创建消息队列的函数是_____。

6. 创建共享内存的函数是_____。

7. 创建或打开信号量集的系统函数是_____。

二、上机题

编写用消息队列进行通信的程序，其中一个进程负责不断写入消息类型和内容，另一个进程负责显示输出读取的内容。

第 11 章

POSIX
线程

本章主要介绍 Linux 下的线程知识及其基本编程方法。通过第 9 章的学习，已经知道进程在 Linux 中是资源管理的最小单位，而线程是进程执行的最小单位。在操作系统的发展过程中，从进程演化到线程，其最主要的目的就是更好地支持 SMP、多核编程以及减少进程调度中的上下文切换开销。

11.1　认识线程

在传统进程概念中，一个进程的指令执行体就可以被看作一个线程。从这一角度看，每个进程中至少会包含一个线程作为它的指令执行体，进程不但管理着程序执行过程中的各项系统资源，例如 CPU、内存和文件等，同时也管理着将线程分配给某个 CPU 去执行。在当今操作系统中，一个进程可以拥有多个线程，这样在支持 SMP 的计算机系统中，一个进程就可以同时使用多个 CPU 来执行多个指令序列（也就是线程）。简单地说，线程就是一个进程内部的控制序列，这样就可以避免频繁的进程调度切换，以达到程序的最大并发性；即便是在单 CPU 的机器上，采用多线程模型来设计一个程序，相对于多进程模型也能使设计更简洁、功能更完备、执行效率更高效，典型的例子就是采用多线程替代多进程模型来响应用户的多个输入，因为响应多个输入这样的功能，实际上就是共享了除 CPU 以外的大部分资源，而与多进程相比较，线程的上下文切换开销要比进程小得多。

根据线程的概念，同一个进程内的多线程共享同一个地址空间，包括数据段（全局变量）、文件等资源，但每个线程也有其私有的数据信息，包括唯一的线程号、寄存器（包括程序计数器和堆栈指针）、栈空间（保存着局部变量）、信号掩码、优先级以及一些线程私有的存储空间等，可以看出线程的私有数据大多是为了满足在 CPU 上实现并发执行而设计的。

大部分 Linux 内核只提供了轻量级进程的支持，因此也限制了更高效线程模型的实现，但 Linux 从一开始就着重优化了进程调度的开销，通常都是将调度交给核心，而在用户级上去实现包括信号处理在内的线程管理机制，因此从一定程度上弥补了这一缺陷。

那么"轻量级进程"的概念是什么呢？在线程概念出现以前，为了减少进程切换的开销，Linux 设计者对进程的概念进行了逐步修正，允许将进程所占用的资源从其主体中剥离出来，从而允许某些进程共享一部分资源，例如文件、信号、内存和代码，这就是所谓的轻量级进程。Linux 内核在 2.0.x 版本上已经实现了轻量进程，应用程序可以通过一个统一的 clone() 系统调用接口，用不同的参数指定创建轻量进程还是普通进程。在内核中，clone() 调用经过参数传递和解释后会调用 do_fork()，这个核内函数同时也是 fork()、vfork() 系统调用的最终实现。

相比之下，多线程模型比多进程模型具有以下优点。

（1）创建一个新线程的代价要远小于创建一个进程。

在多进程模型中，当一个进程调用 fork 创建新进程时，会将其进程的拷贝传递给新创建的进程，但每个进程都会有自己独立的地址空间，这个新进程的运行几乎完全独立于创建它的进程。而在多线程模型中，同一进程内的线程共享进程的地址空间，就是说当在一个进程中创建出多个新线程时，每个新的执行线程都会与它的创建者共享全局变量、文件描述符、信号和当前目录状态等资源，不同的是每个线程都会拥有自己的堆栈（因为线程要运行不同的指令序列，所以需要局部变量的支持，而局部变量都是存放在栈空间中的）。这样比较起来，创建一个新的进程要耗费时间为它重新分配系统资源，而创建一个新的线程开销就要小得多。

（2）在任务调度方面，线程间的切换速度要快于进程间的切换速度。

在任务调度过程中，由于进程地址空间独立，每次调度都要为进程保存所有的现场和资源，而线程共享地址空间，因此线程间的切换速度要明显快于进程间的切换速度。

（3）相对于进程间通信，线程间的通信更加简洁和高效。

在通信机制上，进程间的数据空间互相独立，彼此通信时需要通过操作系统内核以专门的通信方式进行，而同一个进程中的多线程共享着同一个数据空间，因此一个线程的数据可以直接提供给其他线程使用，而不必经过操作系统内核。

（4）多线程有利于提高多处理器的效率。

目前大多数计算机系统都采用了多核技术，而线程的并发主要就是针对处理器而言的，这样可以让多个线程在不同处理器上同时运行，从而大大提高程序的并发执行和处理器的利用率，因此多线程技术更能发挥硬件的潜力。

（5）多线程有利于改善程序设计的结构。

当前的应用程序一般都不是单任务的，如果将程序中对每个任务的处理都设计成一个线程，就可以大大降低程序结构的复杂性。以一个典型的文本编辑程序为例，我们可以让一个线程专门负责处理用户的输入从而进行文本编辑工作，同时让另一个线程负责刷新单词计数器变量，甚至可以创建更多的线程去处理其他任务，例如拼写错误检查、周期性自动保存等，此时所有的线程都可以看见整个文档的内容。虽然在单处理器机器上，一个程序总的任务量还是那么多，采用多线程编程并不见得就使程序运行得更快，但从程序自身的逻辑性和用户体验上确实有需要多线程的地方，例如在这个文本编辑程序的例子中，采用多线程编程可以让用户在编辑输入的同时，随时了解编辑的进展情况，这样更符合用户对程序要求的实际情况。

（6）多线程有利于提高程序对用户的响应速度。

例如在某些图形界面程序或服务器程序中，如果有一个功能模块执行非常耗时，它会导致其他操作不能进行而等待，此时界面或服务器响应用户操作的速度就会变得很慢，而在多线程环境下我们可以将这个耗时的功能模块交给一个单独的线程到后台完成，这样当线程用完了分配给它的时间片后会让出CPU，从而大大提高程序对用户的响应速度。

前面说了多线程的很多优点，但一件事物都有它的两面性，在实际编程中我们也要注意到多线程的一些弊端，主要有两个方面：一方面是由于同一个进程中多线程共享数据空间，因此有可能会因为时间分配上的细微偏差或因共享了不该共享的变量而造成对程序的不良影响，通常调试一个多线程程序要比调试一个单线程程序困难得多，因此在编写多线程程序时需要更全面、更深入的思考；另一方面，虽然线程间切换在理论上要比进程间切换速度更快，但在实际中操作系统为实现线程间切换所做的工作不一定总是比进程间切换要少，例如在 Linux 系统中，新建线程并不是在原来的进程中，而是内核通过一个 clone 系统调用拷贝了一个和原来的进程完全一样的进程，并在这个进程中执行线程函数，但这个拷贝过程和 fork 函数不一样，执行线程函数的这个进程和原来的进程共享了数据段（全局变量和静态变量）和运行环境，在原来进程中对全局变量的修改在拷贝后的进程里也是可见的，也就是说在 Linux 中创建一个新线程与创建一个新进程的过程其实是很相似的，所以对于 Linux 系统而言，使用线程可以节约开销这一理论并不一定能站得住脚，单纯地认为采用多线程编程就可以节省系统开销的想法是不对的。

Linux 操作系统支持 POSIX 多线程接口（简称 pthread），编写 Linux 下的多线程程序，需要用到 pthread.h 头文件，在程序编译链接时需要用到库 libpthread.a。同时在编程前，需要确定系统对 POSIX 多线程的兼容性，即对多线程的支持是否符合或部分符合 POSIX 标准。我们可以利用一个简单的程序来实现这种检查，通过在编译程序时使用的函数库来查验系统对线程的支持情况。例如：首先我们需要在程序中嵌入必要的头文件，然后利用程序检查 _POSIX_VERSION 的值，根据其值可以判断系统对 POSIX 标准的支持程度。一般地，如果系统没有定义 _POSIX_VERSION 的值，就代表它不支持 POSIX 标准；如果 _POSIX_VERSION 的值小于 199506L，表示系统对 POSIX 标准只是部分支持；如果 _POSIX_VERSION 的值大于等于 199506L，表示系统对 POSIX 标准完全支持。

例 11-1　POSIX 标准兼容性检查。

```c
/*程序文件ch11-1.c*/
#include <stdio.h>
#include <unistd.h>
#include <stdlib.h>
int main(int argc,char *argv[])
{
    /*define support level;
    * 0-no support;1-partial support; 2-fully support;
    */
    int support_level=0;
    #ifdef _POSIX_VERSION
       support_level=1;   //include partial or fully support
    #endif
    /* 检查_POSIX_VERSION的值 */
    if(support_level == 1){
        printf( " POSIX version is set to %ld\n " ,_POSIX_VERSION);
        if(_POSIX_VERSION>=199506)
            support_level++;    //support_level=2 }
     /* 输出检测结果 */
    switch(support_level){
        case 0:
                printf( " No _POSIX_VERSION defined,no support thread\n " );
                break;
        case 1:
                printf( " partial support POSIX1003.1c thread.\n " );
                break;
        case 2:
                printf( " fully support POSIX1003.1c thread.\n " );
                #ifdef _POSIX_THREAD_PRIORITY_SCHEDULING
                    printf( " \t->include support for priority scheduling.\n " );
                #else
                    printf( " \t->but not support for priority scheduling.\n " );
                #endif }
    exit(0); }
```

程序运行结果如图 11-1 所示。

```
POSIX version is set to 200809
fully support POSIX1003.1c thread.
        ->include support for priority scheduling.
```

图 11-1　ch11-1 程序运行结果

POSIX1003.1c 是一个用于线程的标准，以前是 P1993.4 或 POSIX.4 的一部分，这个标准已经在 1995 年被 IEEE 通过，并归入 ISO/IEC 9945-1:1996。

11.2　多线程编程

多线程编程是一种非常实用的技术，例如，使用了多线程技术用于下载的网络蚂蚁、FlashGet、迅雷等软件下载速度会比传统单线程下载工具快上好几倍，甚至几十倍；很多 Web 服务器软件如 Apache 等也都支持多线程服务。

　　单线程的程序都是按照一定的指令执行序列遵循一定顺序执行的，如果在一个进程的主线程中创建其他线程，程序就会在创建这些线程的地方产生执行分支，这样就变成了两个或者多个指令执行序列。虽然在这点上多线程和多进程编程有异曲同工之处，但实际上却差别很大。从内核的角度看，进程是作为操作系统在为程序分配系统资源（包括 CPU 时间片、内存、文件等）时的基本单位，而线程是进程的一个执行流，是 CPU 调度和分派的基本单位，它是比进程更小的独立运行体；因此可以把进程看作系统资源分配的最小单位，而把线程看作程序执行的最小单位。另外，每个进程有自己独立的地址空间，这意味着一个进程崩溃，在保护模式下不会对其他进程产生影响，但线程只是一个进程中的执行流，虽然线程有自己的栈空间、优先级等私有数据，但线程没有单独的地址空间和数据段，因此一旦线程崩溃就可能会影响整个进程。虽然多进程程序会比多线程程序更具健壮性，但多线程的最大优点是线程切换速度快，拥有高效的数据共享和线程间通信机制，因此对于一些要求同时执行且需要共享某些数据的并发操作，最好使用多线程来实现。

　　多线程开发在 Linux 平台上已经有了非常成熟的 pthread 库的支持，其中涉及多线程开发的最基本概念主要包括线程的创建、等待、销毁以及线程间的同步。

11.2.1　线程创建函数

　　我们可以利用 pthread_create 函数来创建一个新的线程，它类似于创建进程的 fork 函数，函数的原型声明如下：

```
#include  <pthread.h>
 int pthread_create(pthread_t  *thread,pthread_attr_t  *attr,
void *(*start_routine)(void *),void  *arg),
```

函数中各个参数的作用如下。

1）thread 参数

thread 参数是一个指针，当线程创建成功时，它会指向这个新线程的线程 ID。通过这个指针可以返回新线程的线程 ID，Linux 在 bits/pthreadtypes.h 头文件中定义了 pthread_t 这个类型，例如：

```
typedef  unsigned long int  pthread_t;
```

2）attr 参数

attr 参数用于指定线程的属性，如果传递给它的是一个 NULL 值，则表示使用的是线程的默认属性。attr 的类型是一个结构体指针，该结构体指明了新创建的线程应该具有什么样的属性，后面会学习到这个结构。

3）start_routine 参数

start_routine 参数是一个函数指针（即函数地址），指向该线程创建后需要调用的函数，即该线程需要执行的指令序列会被封装在这个函数中，这个被线程调用的函数也称为线程函数。

　　线程函数的返回值是一个 void 型指针，它的参数只有一个，也是一个 void 型的通用指针，这样就能够向线程函数中传递一个任意类型的实参，并且通过返回一个通用指针来获取线程函数要返回的任意类型的结果，这大大增强了线程函数的可用性。通常线程函数的返回值要根据具体情况使用 (type *) 形式的强制类型转换变成我们所需要的类型指针。对于由 fork 函数创建的子进程来说，它刚创建时的执行代码与父进程的完全一样，只不过在父子进程中返回的 pid 值不同而已，但对于创建一个新线程来说，我们必须明确地为它提供一个函数指针，这样新线程才会执行另外一些指令序列。

4）arg 参数

arg 参数也是一个指针，指向主线程传递给线程函数的参数。如果需要向线程函数传递多个参数，可以考虑将这些参数放到一个结构体中来传递；但是由于传递参数 arg 的类型是 void *，所以参数不可以被提前释放。

当线程创建成功时，pthead_create 函数会返回 0；但如果函数返回值不为 0 则说明创建线程的行为失败，注意 pthread_create 函数和大多数线程操作函数不同，它在操作失败时返回的不一定就是 -1 值。线程创建失败的原因可以通过 errno 变量来获取，例如 errno 等于 EAGAIN 时，表示由于线程数目过大，超出了系统限制，所以不能再创建新线程了；如果 errno 等于 EINVAL，通常是由于第二个参数 attr 给出的线程属性不合法导致的创建失败。

新线程创建后，将执行由第三个参数 start_routine 所指向的函数体，而原来的线程也将继续执行。

在使用 pthread_create 函数创建新线程时，常常还会用到 pthread.h 中声明的其他一些系统调用，常用的有以下三种。

```
#include <pthread.h>
 //获取本线程的线程ID
pthread_t pthread_self(void);
 //判断两个线程ID是否指向同一线程
int pthread_equal(pthread_t thread1, pthread_t thread2);
//保证init_routine线程函数在进程中仅执行一次
pthread_once_t once_control = PTHREAD_ONCE_INIT;
 int pthread_once(pthread_once_t *once_control, void (*init_routine)(void));
```

下面用一个例子来说明线程的创建过程，在主线程中循环创建三个子线程，这些子线程和主线程将同时执行，谁先结束取决于 CPU 的调度，这里通过一个 sleep 函数模拟子线程的退出顺序与其创建顺序相反，子线程的创建顺序可以通过 pthread_create 函数的第四个参数 arg 传递给线程函数；在某些情况下，函数执行次数要被限制为一次，我们在线程函数中通过 pthread_once 函数限制这些子线程只有一次机会执行 run_once 函数。这里需要注意的是：这些子线程和主线程共享的是同一进程地址空间，main 函数作为进程的主线程，如果它提前结束意味着进程的地址空间被销毁，那么子线程的后续输出就不会再打印了，因此我们要通过一个 sleep 函数延迟主线程的退出。

例 11-2　演示子线程的创建过程。

```
/*程序文件ch11-2.c*/
#include <stdio.h>
#include <pthread.h>
pthread_once_t once = PTHREAD_ONCE_INIT; //提供给pthread_once函数
/* 定义一个要求仅运行一次的函数 */
void run_once(void)
{
    printf( " \t->thread %lu run run_once process\n " ,pthread_self());
                                    //通过pthread_self函数显示这个函数在哪个子线程
                                    //中被运行

}
```

```
/* 定义线程函数,也可以为三个子线程分别定义三个不同的线程函数,让其执行不同的代码*/
int* thread_body(void *arg)
{
    pthread_t thid;
    int seq=*(int *)arg;                        //将传递过来的参数arg转换成int型
    thid=pthread_self();
    printf( " This is %dth new thread,threadid=%lu\n " ,seq,thid);
    sleep(5-seq);                               //模拟子线程延迟退出
    pthread_once(&once,run_once);               //调用run_once函数,仅能被执行一次
    printf( " \t->%dth thread end\n " ,seq);
    return (int *)1;
}
/* 主线程执行main函数 */
int main(int argc,char *argv[])
{
    pthread_t newthid;
    int repeat=1;
    printf( " Main thread,Thread ID is %lu\n " ,pthread_self());
    while(repeat<4){
        //调用pthread_create函数创建新线程,注意实参传递的方式
        if(pthread_create(&newthid,NULL,(void *)thread_body,
    (void *)&repeat)!=0)
            perror( " ---thread create failed!---\n " );
        repeat++;
    }
    sleep(5);                                   //延迟主线程最后退出
    printf( " Main thread end!\n " );
    return 0;
}
```

程序在编译时要加上 -lpthread 选项参数，程序的运行结果如图 11-2 所示。

```
tarena@ubuntu:~/linux$ gcc ch11-2.c -lpthread
tarena@ubuntu:~/linux$ ./a.out
Main thread,Thread ID is 3075626688
This is 4th new thread,threadid=3058838336
This is 4th new thread,threadid=3067231040
This is 4th new thread,threadid=3075623744
        ->thread 3058838336 run run_once process
        ->4th thread end
        ->4th thread end
        ->4th thread end
Main thread end!
```

图 11-2　程序 ch11-2 运行结果

　　读者可以试一下将线程函数中的"pthread_once(&once,run_once);"注释掉，直接调用 run_once（）函数，看看输出结果会有哪些变化。另外，也可以将 main 函数中的 sleep 函数注释掉，看一下在主线程先于其他线程退出时程序的结果会发生什么变化。

11.2.2 多线程中的线程等待

多线程并发中，如果主线程（通常是 main 函数执行的那个线程）先于其他线程退出，那么带来的程序问题是不可估量的，在例 11-2 中使用了 sleep 函数延迟了主线程的退出，但在实际环境中主线程的退出时机并不总是那么容易估量的，因此 Linux 提供了一个阻塞主线程退出的函数 pthread_join，通过这个函数可以让主线程阻塞，直到所有线程都已退出。其函数原型如下：

```
#include <pthread.h>
int pthread_join(pthread_t th, void **thread_return);
```

pthread_join 函数可以让调用该函数的线程等待另一个线程（由参数 th 指定）结束后再退出，参数 thread_return 非空时，用于存放退出线程的返回值。

函数执行成功时会返回 0，执行失败时则返回一个非 0 的错误码。

例 11-3   演示多线程中的线程等待。

```c
/*程序文件ch11-3.c*/
#include <stdio.h>
#include <pthread.h>
/*定义线程函数*/
int* thread1(void *arg)                      //线程1的线程函数
{
    printf( " Thread1,threadid=%u\n " ,pthread_self());
    sleep(3);
    printf( " Thread1 end\n " );
    return NULL;
}
int* thread2(void *arg)                      //线程2的线程函数
{
    printf( " Thread2,threadid=%u\n " ,pthread_self());
    sleep(2);
    printf( " Thread2 end\n " );
    return NULL;
}
/*定义主线程*/
int main(int argc,char *argv[])
{
    pthread_t thid1,thid2;
    printf( " Main thread,Thread ID is %u\n " ,pthread_self());
    /*创建两个线程*/
    if(pthread_create(&thid1,NULL,(void *)thread1,NULL)!=0)
        perror( " ---thread1 create failed!---\n " );
    if(pthread_create(&thid2,NULL,(void *)thread2,NULL)!=0)
        perror( " ---thread2 create failed!---\n " );
    /*阻塞主线程,直到线程1和2退出*/
    pthread_join(thid1,NULL);
    pthread_join(thid2,NULL);
    /*主线程退出*/
    printf( " Main thread end!\n " );
    return 0;
}
```

程序的运行结果如图 11-3 所示。

```
tarena@ubuntu:~/linux$ gcc ch11-3.c -lpthread
tarena@ubuntu:~/linux$ ./a.out
Main thread,Thread ID is 3075651264
Thread2,threadid=3067255616
Thread1,threadid=3075648320
Thread2 end
Thread1 end
Main thread end!
```

图 11-3　程序 ch11-3 运行结果

如果将 main 函数中调用 pthread_join 函数的语句都注释掉，运行结果会出现变化如图 11-4 所示。

```
Main thread,Thread ID is 3076372160
Thread2,threadid=3067976512
Thread1,threadid=3076369216
Thread2 end
Main thread end!
```

图 11-4　程序 ch11-3 中去掉 pthread_join 语句后的运行结果

我们会发现线程 1 和线程 2 的最后一条输出语句并没有被执行，这是因为 main 函数中如果没有调用 pthread_join 函数，主线程会很快结束，从而使整个进程结束，此时被主线程创建的其他线程就没有机会继续执行了。

11.2.3　线程专有数据

在单线程的程序中，根据变量的生存周期通常可以把一个变量分为全局变量和局部变量，对于全局变量，每个线程都可以读取它，但同时也可以修改它，因此在多线程编程中就会带来许多问题，例如下面这个示例。

例 11-4　在多线程中使用全局变量带来的问题。

```
/*程序文件ch11-4.c*/
#include <stdio.h>
#include <pthread.h>
int exam=0;                         //exam是一个全局变量
int* thread1(void *arg)
{
    exam=*(int *)arg;               //通过参数arg修改exam的值
    sleep(2);
    printf( " \t->exam in thread1:%d\n " ,exam);
                                    //在输出exam值前线程延迟了2秒
    printf( " Thread1 end\n " );
    return NULL;
}
int* thread2(void *arg)
{
    exam=*(int *)arg;          //在线程1输出exam值前,线程2已经修改了exam的值
```

```
        printf( " \t->exam in thread2:%d\n " ,exam);
        printf( " Thread2 end\n " );
        return NULL;
}
int main(int argc,char *argv[])
{
        pthread_t thid1,thid2;
        int num=1;
        printf( " Main thread,Thread ID is %u\n " ,pthread_self());
        /*创建线程时,向线程1和线程2分别传递了参数1和参数2*/
        pthread_create(&thid1,NULL,(void *)thread1,(void *)&num);
        num=2;
        pthread_create(&thid2,NULL,(void *)thread2,(void *)&num);
        /*主线程等待*/
        pthread_join(thid1,NULL);
        pthread_join(thid2,NULL);
        printf( " Main thread end!\n " );
        return 0;
}
```

程序的运行结果如图 11-5 所示。

```
tarena@ubuntu:~/linux$ gcc ch11-4.c -lpthread
tarena@ubuntu:~/linux$ ./a.out
Main thread,Thread ID is 3075987136
        ->exam in thread2:2
Thread2 end
        ->exam in thread1:2
Thread1 end
Main thread end!
```

图 11-5　程序 ch11-4.c 运行结果

对于上面这个程序，本意是让线程 1 输出 exam 的值为 1，但由于 exam 是一个全局变量，在它被线程 1 输出前已经被线程 2 修改了，因此在线程 1 中的输出就出现了错误。如何解决这个问题呢？可以采用互斥等手段限制全局变量的共享，但这需要线程的阻塞，其实在多线程程序中还有变量的第三种类型，那就是线程专有数据（简称 TSD），又称作线程存储。这类变量表面上看起来是一个全局变量，所有的线程都可以使用它，但它的值在每个线程中又可以单独存储，因此可以很好地解决上述问题。

TSD 型数据在使用上类似于全局变量，在线程内部，各个函数可以像使用全局变量一样调用它，但对线程外部的其他线程而言，TSD 型数据则是不可见的。我们可以为线程数据创建一个键并将这个键声明为全局变量，让它和这个键相关联，这样在每个线程内部都可以使用这个键（就像全局变量一样）来指代它所关联的线程专有数据，但在不同的线程中，这个键所代表的数据却是不同的。在 Linux 编程中，可以使用一组函数来进行线程专有数据的操作，这些函数的原型如下：

```
#include <pthread.h>
//创建一个键
int pthread_key_create(pthread_key_t *key, void (*destr_function) (void *));
//删除一个键
int pthread_key_delete(pthread_key_t key);
```

```
//为一个键指定线程数据
int pthread_setspecific(pthread_key_t key, const void *pointer);
//从一个键中读取线程数据
void *pthread_getspecific(pthread_key_t key);
```

其中，参数 key 为指向一个键值的指针或变量，它的类型是 pthread_key_t。用于创建一个键的函数 pthread_key_create 的第二个参数 destr_function 是一个函数，如果这个参数不为空，那么当线程结束时，系统将调用这个函数来释放绑定在这个键上的内存块，这个函数通常会和 pthread_once 函数一起使用。而参数 pointer 则指向该键需要绑定的线程数据。

通常使用线程专有数据可以遵循以下流程。

（1）声明一个类型为 pthread_key_t 类型的全局变量。

（2）调用 pthread_key_create 函数来创建该变量，该函数有两个参数，第一个参数就是前面声明的那个 pthread_key_t 型变量；第二个参数如果非空，则会调用一个自定义的清理函数，如果为空则系统会调用默认的清理函数。

（3）当线程中需要存储某个线程数据时，可以调用 pthread_setspecific 函数来将这个线程数据绑定到键上，注意这个函数的第二个参数是一个 void 型指针，指向这个线程数据。

（4）当需要取出这个线程数据时，可以调用 pthread_getspecific 函数，它的返回值也是一个 void 型指针，我们可以通过类型转换将其返回为我们需要的这个线程数据。

下面利用线程专有数据类型对例 11-4 进行一些改进。

例 11-5　在多线程中使用线程专有数据类型来实现变量的共享。

```
/*程序文件ch11-5.c*/
#include <stdio.h>
#include <pthread.h>
pthread_key_t pkey_exam;       //定义了一个TSD型全局变量
int* thread1(void *arg)
{
    int num=*(int *)arg;
    pthread_setspecific(pkey_exam,(void *)&num);       //设置键,与值1关联
    sleep(2);
    num=*(int *)pthread_getspecific(pkey_exam);        //读取键
    printf( " \t->exam in thread1:%d\n " ,num);
    printf( " Thread1 end\n " );
    return NULL;
}
int* thread2(void *arg)
{
    int num=*(int *)arg;
    pthread_setspecific(pkey_exam,(void *)&num);       //与值2关联
    num=*(int *)pthread_getspecific(pkey_exam);
    printf( " \t->exam in thread2:%d\n " ,num);
    printf( " Thread2 end\n " );
    return NULL;
}
int main(int argc,char *argv[])
{
    pthread_t thid1,thid2;
```

```
int num=1;
pthread_key_create(&pkey_exam,NULL);        //创建一个TSD键
printf( " Main thread,Thread ID is %u\n " ,pthread_self());
if(pthread_create(&thid1,NULL,(void *)thread1,(void *)&num)!=0)
    perror( " ---thread1 create failed!---\n " );
num=2;
if(pthread_create(&thid2,NULL,(void *)thread2,(void *)&num)!=0)
    perror( " ---thread2 create failed!---\n " );
pthread_join(thid1,NULL);
pthread_join(thid2,NULL);
printf( " Main thread end!\n " );
return 0; }
```

程序的运行结果如图 11-6 所示。

```
tarena@ubuntu:~/linux$ gcc ch11-5.c -lpthread
tarena@ubuntu:~/linux$ ./a.out
Main thread,Thread ID is 3075987136
        ->exam in thread2:2
Thread2 end
        ->exam in thread1:2
Thread1 end
Main thread end!
```

图 11-6 程序 ch11-5.c 运行结果

以上这个例子并没有什么实际意义，只是为了说明如何使用 TSD 机制达到存储线程私有数据的目的。在这个例子中，线程 1 和线程 2 共用了一个 pthread_key_t 型的全局变量 pkey_exam，并且通过 pkey_exam 可以存取只和当前线程有关的值（这个值将由编译器管理）。从程序的运行结果上看，两个线程对 TSD 变量的修改互不干扰。

另外，无论哪个线程调用 pthread_key_create 函数，所创建的键都是所有线程可访问的，但每个线程都可以根据自己的需要往键中填充不同的值，这样的机制相当于提供了一个同名但不同值的全局变量。在实际编程中，TSD 型变量通常用于在某个线程中为跨函数的访问提供共享机制，例如可以在多线程编程中利用 TSD 创建一个内存块指针，并将该键与 malloc 函数分配的内存相关联，这样每个线程都有一块私有的内存块，同时线程内的函数又可以共享使用该键。

11.2.4 保证多线程编程中函数的可重入性

在多线程编程中，不可重入的函数或变量会给程序带来意想不到的麻烦，因此我们需要使用可重入的函数。例如默认情况下，所有线程都会共享一个 errno 变量，这样就会造成当一个线程准备获取其错误代码时，errno 很容易被另一个线程中的函数调用所改变，类似的问题还有 fputs、malloc 之类的函数，因为这些函数通常只有一个单独的全局缓冲区。

一个函数是可重入的，意味着它可以被安全地递归或并行调用，这就要求可重入函数不能使用静态或全局数据来存储函数调用过程中的状态信息，也不能返回指向这类数据的指针，它只能使用由调用者提供的数据。然而实际上在单线程的程序中，像 errno 这样的变量是通过 extern 引入的，它的定义就是一个全局变量，为了保证在多线程编程中函数的可重入性，我们需要在程序的所有 "#include" 语句前加上

对 _REENTRANT（或 _POSIX_C_SOURCE）的宏定义，或者在编译时加上 "-D_REENTRANT" 之类的选项，来告诉编译器我们需要可重入功能。_REENTRANT 主要完成以下三项任务。

（1）它会对部分函数重写，定义它们的可安全重入版本，这些函数的名字后面通常会添加一个 "_r" 字符串，例如 gethostbyname 会变成 gethostbyname_r。

（2）stdio.h 中原来以宏形式实现的一些函数将变成可重入的函数。

（3）在 error.h 中定义的变量 errno 将成为一个函数调用，以一种安全的多线程方式来保证线程获取真正的错误代码。

11.3　线程的属性

在 Linux 中，一般定义的线程属性主要有：分离状态（detachedstate）、作用域（scope）、栈大小（stacksize）、栈地址（stackaddress）、优先级（priority）、调度策略和参数（scheduling policy and parameters）等，其具有的默认属性一般为非绑定、非分离、缺省 1M 的堆栈和与父进程具有同样的优先级等状态。线程的很多属性都可以被程序员所控制，这里仅介绍一些最常用的属性。关于其他属性及用法，读者可以参考相应的帮助手册。

11.3.1　常用线程属性

在前面的 pthread_create 函数中，参数 attr 被用来设置线程的属性，我们可以通过向 attr 参数传递一个 NULL 值来使创建的线程具有默认的属性，也可以通过其他一些函数来设置我们需要的线程属性。线程的属性可以由 pthread_attr_t 结构类型表示，该属性结构定义如下：

```
typedef struct
{
int detachstate;                //线程的分离状态
int schedpolicy;                //线程调度策略
struct sched_param schedparam;  //线程的调度参数
int inheritsched;               //线程的继承性
int scope;                      //线程的作用域
size_t guardsize;               //线程栈末尾的警戒缓冲区大小
int stackaddr_set;
void * stackaddr;               //线程栈的位置
size_t stacksize;               //线程栈的大小
}pthread_attr_t;
```

其中每一个属性都可以通过一些函数来查看或修改。

下面结合线程属性结构的定义来看一下在多线程编程中常用的一些线程属性。

1. detachedstate 属性

detachedstate 属性可以帮助我们设置线程以什么样的方式来终止自己，其缺省值为非分离状态，即线程在结束时需要向创建它的那个线程返回信息，这时原有的线程需要等待创建的线程先结束。在前面的程序示例中，我们在主线程结束之前通过调用 pthread_join 函数把各个线程归并到一起，只有当 pthread_ join 函数返回时，创建的线程才算真正终止，才能释放自己占用的系统资源。

但在有些情况下，我们并不需要其他线程在退出时必须向其主线程返回信息，同样也不希望主线程去等待它们。例如一个文本编辑程序，主线程可以用来接收用户的编辑和输入，同时我们可以设置一个新线程来对数据文件进行及时的备份存储，而对于这个用于备份的新线程，在备份工作完成后就可以直接结束了，并没有必要再返回到主线程中，对于具有这样行为的线程，将其称作"脱离线程"。我们可以通过设置 detachedstate 属性来阻止对线程的归并，从而实现这种"脱离线程"，但同时我们也就不能再调用 pthread_join 函数来检查另一个线程的退出状态了，detachedstate 属性的取值及其宏定义见表 11-1。

表 11-1 detachedstate 属性的取值

取值的宏定义	说　明
PTHREAD_CREATE_JOIN	非分离状态，允许线程结束时归并到主线程中（缺省值）
PTHREAD_CREATE_DETACHED	分离状态，用于实现脱离线程

2. schedpolicy 属性

可以通过 schedpolicy 属性来控制线程的时间分配方式，例如先入先出策略、定时轮转策略等，其可用取值及宏定义见表 11-2。

表 11-2　schedpolicy 属性的取值

取值的宏定义	说　明
SCHED_OTHER	使用缺省调度方式
SCHED_RR	使用定时轮转机制
SCHED_FIFO	使用先入先出策略

其中 SCHED_RR 和 SCHED_FIFO 这两种定时策略只能在具有超级用户权限的进程中使用。SCHED_FIFO 策略允许一个线程运行，直到出现更高优先级的线程或者线程自身主动阻塞为止，在 SCHED_FIFO 调度方式下，当有一个线程准备好时，除非有平等或更高优先级的线程已经在运行，否则它会很快得到执行。SCHED_RR 策略和 SCHED_FIFO 策略是基本相同的，但是对于一个 SCHED_RR 策略的线程，当它执行超过一个时间片而没有阻塞时，可以被其他具有 SCHED_RR 或 SCHBD_FIPO 策略的相同优先级线程抢占。当 schedpolicy 属性被设置为 SCHED_OTHER 时，schedparam 属性经常与 schedpolicy 属性一起使用，用于对线程的时间分配策略进行控制。

3. inheritsched 属性

inheritsched 属性决定了新创建的线程是使用从创建的进程中继承的调度信息，还是使用 schedpolicy 和 schedparam 属性显示设置的调度信息，由于该属性没有指定默认值，因此如果程序关心线程的调度策略和参数，就必须事先设置该属性，该属性的两个可用取值见表 11-3。

表 11-3　inheritsched 属性的取值

取值的宏定义	说　明
PTHREAD_EXPLICT_SCHED	时间分配由相关属性来显式地设置
PTHREAD_INHERIT_SCHED	新线程将继承沿用它的创建者所使用的参数

4. scope 属性

scope 属性描述了线程的作用域，Linux 的线程可以在两种竞争域中竞争资源，一个是进程域，另一个是系统域。进程域是指同一进程内的所有线程，而系统域是指系统中的所有线程，scope 属性描述了特定线程将与哪些线程竞争资源。例如，一个具有系统域的线程将与整个系统中所有具有系统域的线程按照优先级竞争处理器资源。

11.3.2 常用线程属性函数

线程的属性值一般不建议直接设置，必须使用相关函数进行操作。一般情况下，我们首先需要对线程属性结构进行初始化，然后通过相关函数对线程属性进行操作，这两步操作必须在 pthread_create 函数调用前完成，最后还需要对属性对象进行清理和回收。以下列出了几种常用的线程属性函数，更多的线程属性函数可以通过 man 命令来查看。

1. 线程属性结构的初始化

```
#include <pthread.h>
int pthread_attr_init(pthread_attr_t *attr);
int pthread_attr_destroy(pthread_attr_t *attr);
```

调用 pthread_attr_init 函数后，参数 attr 结构所包含的内容就是线程所有属性的默认值，如果函数执行成功则返回 0，若失败返回 -1。如果需要去除对 pthread_attr_t 结构的初始化，可以调用 pthread_attr_destroy 函数。

2. 设置线程的分离属性

```
#include <pthread.h>
int pthread_attr_setdetachstate (pthread_attr_t* attr, int detachstate);
```

参数 attr 指向需要设置的线程属性对象，第二个参数的可用值包括 PTHREAD_CREATE_DETACHED 和 PTHREAD_CREATE_JOINABLE。如果函数执行成功则返回 0，若失败返回 -1。

3. 设置线程的调度策略

```
#include <pthread.h>
int pthread_attr_setschedpolicy(pthread_attr_t* attr, int policy);
```

参数 attr 指向需要设置的线程属性对象，第二个参数 policy 用于指定需要设置的调度策略，包括 SCHED_FIFO、SCHED_RR 和 SCHED_OTHER。如果函数执行成功则返回 0，若失败返回 -1。

4. 设置线程优先级

```
#include <pthread.h>
int pthread_attr_setschedparam (pthread_attr_t* attr, struct sched_param* param);
```

参数 attr 指向需要设置的线程属性对象，param 参数用于指定线程的优先级。如果函数执行成功则返回 0，若失败返回 -1。

5. 设置线程绑定属性

```
#include <pthread.h>
int pthread_attr_setscope (pthread_attr_t* attr, int scope);
```

参数 attr 指向需要设置的线程属性对象，scope 参数的可用值包括 PTHREAD_SCOPE_SYSTEM(绑定) 和 PTHREAD_SCOPE_PROCESS(非绑定)。如果函数执行成功则返回 0，若失败返回 -1。

6. 其他常用函数

```
//设置新创建线程栈的保护区大小
int pthread_attr_setguardsize(pthread_attr_t* attr,size_t guardsize);
//设置新创建线程的继承性
int pthread_attr_setinheritsched(pthread_attr_t* attr, int inheritsched);
//设置新创建线程栈的基地址
int pthread_attr_setstackaddr(pthread_attr_t* attr, void* stackader);
//设置新创建线程栈的最小尺寸(以字节为单位)
int pthread_attr_setstacksize(pthread_attr_t* attr, size_t stacksize);
```

与线程属性相关的函数还有很多，这里不再一一列举，通过这些函数的调用可以帮助我们更好地控制线程的工作方式，例如下面这段代码可以用于声明一个线程属性并对其进行初始化。

```
int res;
pthread_attr_t thread_attr;
res=pthread_attr_init(&thread_attr);
if(res!=0){
    perror( " thread_attr set failed\n " );
    exit(1);
}
```

然后调用相关函数对线程属性进行进一步设置，例如：

```
pthread_attr_setdetachstate(&thread_attr,PTHREAD_CREATE_DETACHED);
                                        //设置线程为脱离状态
pthread_attr_setschedpolicy(&thread_attr,SCHED_OTHER);
                                        //设置线程调度策略
max_priority=sched_get_priority_max(SCHED_OTHER);
min_priority=sched_get_priority_min(SCHED_OTHER);
                                  //获取当前调度策略下的优先级最大值和最小值
```

在设置完线程属性后，我们就可以利用这个线程属性对象来创建一个新线程，例如：

```
pthread_create(&new_thread,&thread_attr,thread_function,NULL);
```

最后可以利用 pthread_attr_destroy 函数释放这个线程属性对象，例如：

```
(void)pthread_attr_destroy(&thread_attr);
```

在利用 pthread_attr_destroy 函数去除线程属性的初始化后，如果再调用这个线程属性对象创建新线程时，程序就会出错。

11.4　线程的销毁

Linux 下有两种方式可以使线程终止，一种是通过 return 从线程函数中返回；另一种是调用 pthread_exit 函数终止线程。其中 pthread_exit 函数的原型如下：

```
#include <pthread.h>
void pthread_exit(void *retval);
```

关于线程的退出，有两点需要注意：一是如果在主线程 main 函数中调用 return 或 exit 函数过早退出，则会使整个进程终止，此时进程中所有线程也将终止；二是如果在主线程中调用 pthread_exit 函数，则仅仅是主线程消亡，而进程不会终止，进程内的其他线程仍会继续，直到所有线程结束，整个进程才会终止。

在线程终止过程中，最重要的是资源的释放问题，特别是一些临界资源。临界资源被一个线程所独占，例如某个线程要写一个文件，在写文件时一般不允许其他线程也对该文件进行写操作，否则会导致文件数据的混乱，此时该文件就是一种临界资源。如果一个线程终止时未能释放其占有的临界资源，则该资源会被认为还被已经退出的线程所有，因而永远得不到释放。如果另一个线程在等待使用这个资源，则会导致死锁。为避免这种情况，Linux 提供了一对函数：pthread_cleanup_push 和 pthread_cleanup_pop 函数，用于自动释放资源，即从 pthread_cleanup_push 函数的调用点到 pthread_cleanup_pop 函数之间的任何终止操作（如调用 pthread_exit 函数），都将执行 pthread_cleanup_push 函数所指定的清理函数。它们的函数原型如下：

```
#include <pthread.h>
  void pthread_cleanup_push(void (*routine) (void *), void *arg);
  void pthread_cleanup_pop(int execute);
```

上述两个函数其实是以宏形式提供的，因此必须位于程序的同一代码段且必须成对出现，否则编译时就会出错。

另外，有时需要让一个线程能够请求另一个线程结束，此时可以通过调用 pthread_cancel 函数来完成这一请求。pthread_cancel 函数的原型如下：

```
# include  <pthread.h>
int  pthread_cancel (pthread_t  thread);
```

这个函数可以通过给定的一个线程标识符，要求另一个线程终止。但要求被终止的线程需要调用 pthread_setcancelstate 设置自己的取消状态，如果请求取消的状态被接受，还要进一步调用 pthread_setcanceltype 函数设置终止的类型。

pthread_setcancelstate 函数的原型如下：

```
int  pthread_setcancelstate （int state,int *oldstate）;
```

其中第一个参数 state 设置了该线程是否允许接收 cancel 请求，它的可用值见表 11-4。

表 11-4　state 参数的取值

参数值	说　明
PTHREAD_CANCEL_ENABLE	这个值允许线程接收 cancel 请求
PTHREAD_CANCLE_DISABLE	屏蔽 cancel 请求，不予响应

线程以前的 cancel 状态可以通过第二个参数 oldstate 指针来保存，如果对它没有兴趣，可以简单地传递一个 NULL 值过去。

pthread_setcanceltype 函数的原型如下：

```
int pthread_setcanceltype (int  type,int *oldtype);
```

其中 type 参数设置了线程接收到 cancel 请求后应采取何种类型的动作，它的可用值见表 11-5。

表 11-5 type 参数的取值

参数值	说 明
PTHREAD_CANCEL_ASYNCHRONOUS	接收到 cancel 请求后立刻采取行动
PTHREAD_CANCLE_DEFERRED	设置为延迟取消

其中当 type 值等于 PTHREAD_CANCLE_DEFERRED 时，线程被设置为延迟取消，即在线程采取实际行动之前，需要先执行下面几个函数中的其中一个：pthread_join、pthread_cond_wait、pthread_cond_tomewait、pthread_testcancel、sem_wait 和 sigwait。

例 11-6 主线程向它创建的一个线程中发送 cancel 请求。

```c
/*程序文件ch11-6.c*/
#include <stdio.h>
#include <pthread.h>
#include <stdlib.h>
void *thread_func(void *arg)                        //新线程的线程函数
{
    int res,times;
    printf( " new thread start...\n " );
    /*设置线程cancel状态为响应cancel请求*/
    res=pthread_setcancelstate(PTHREAD_CANCEL_ENABLE,NULL);
    if(res!=0){
        perror( " setcancel failed\n " );
        exit(1);
    }
    /*进一步设置线程cancel类型为延迟取消*/
    res=pthread_setcanceltype(PTHREAD_CANCEL_DEFERRED,NULL);
    for(times=1;times<11;times++){
        sleep(1);
        printf( " New Thread still running(after %d sec)\n " ,times);
    }
    printf( " new thread finished!\n " );
    pthread_exit( " end " );
}
int main(int argc,char *argv[])
{
    int res;
    pthread_t new_thread;
    res=pthread_create(&new_thread,NULL,thread_func,NULL);
    if(res!=0){
        perror( " new thread create failed!\n " );
        exit(1);
    }
    sleep(5);
    printf( " main thread send cancel sig\n " );
    pthread_cancel(new_thread);                      //请求创建的新线程cancel
    pthread_join(new_thread,NULL);
    printf( " main thread finished!\n " );
    exit(0);
}
```

程序的运行结果如图 11-7 所示。

```
tarena@ubuntu:~/linux$ gcc ch11-6.c -lpthread
tarena@ubuntu:~/linux$ ./a.out
new thread start...
New Thread still running(after 1 sec)
New Thread still running(after 2 sec)
New Thread still running(after 3 sec)
New Thread still running(after 4 sec)
main thread send cancel sig
main thread finished!
```

图 11-7　程序 ch11-6.c 运行结果

读者可以试着修改 main 函数中 sleep 的休眠时间，观察程序运行结果的变化。

11.5　线程的同步

线程的最大特点是资源的共享性，但关于资源共享的同步问题也是 Linux 多线程编程中的难点。Linux 系统提供了多种方式处理线程间的同步问题，其中最常用的有信号量同步和互斥量同步。

11.5.1　用信号量进行同步

Linux 中的信号量最常用的是开关信号量和计数信号量，开关信号量经常被用来限制某个临界资源只能被一个线程使用，而计数信号量可以允许多个线程去执行一段保护的代码，此时表示资源数大于 1 的情况。信号量机制与互斥机制的"等待"操作不同，它更侧重于对资源可用性的告知。

信号量函数的名字一般以"sem_"开头，经常用的基本信号量函数有以下几个。

1. 信号量的创建和销毁

```
#include  <semaphore.h>
int  sem_init ( sem_t  *sem,int pshared;unsigned int value);
int  sem_destroy(sem_t  *sem);
```

sem_init 函数用于创建一个信号量，并对由 sem 指定的信号量进行初始化，包括设置它的共享类型和信号量初值。其中参数 pshared 为 0 时，代表它是当前进程的局部信号量，否则其他进程就能够共享这个信号量。由于 Linux Threads 没有实现多进程的信号量共享，因此 pshared 被设置为非零值时，sem_init 函数会操作失败。sem_init 函数的最后一个参数 value 指定了该信号量的初值，它是一个无符号的整型值。

sem_destroy 函数用于销毁一个无用的信号量，它要求销毁的信号量不能被任何线程所等待，否则会返回 −1 值，错误代码为 EBUSY。

2. 信号量的点灯和灭灯操作

```
#include  <semaphore.h>
```

```
int   sem_post (sem_t  *sem);
int   sem_wait (sem_t  *sem);
```

信号量的点灯操作由 sem_post 函数来实现，用于将信号量值加 1，表示增加一个可访问的资源。而信号量的灭灯操作由 sem_wait 函数来实现，用于等待信号量的亮灯操作（即信号量值大于零），并将信号量减 1。该函数还有一个非阻塞版 sem_trywait 函数。

sem_post 和 sem_wait 函数都是原子操作，即同时对同一个信号量做修改的两个线程不会出现冲突，这保证了信号量对共享资源表达的正确性。对于 sem_wait 函数对信号量的减 1 操作是有讲究的，它会永远先等到该信号量有一个非零值时才开始做减法运算，这意味着当对一个值为 0 的信号量调用 sem_wait 时，该线程会等待到有其他线程增加了这个信号量的值后才能继续对其减 1。如果有两个线程都在 sem_wait 中等待同一个信号量变成非零值，那么当它被第三个线程增加一个 "1" 时，等待线程中只有一个能够对信号量做减法并继续执行，另外一个还将处于等待状态。与 " 循环 - 等待 " 方式不同，sem_wait 函数使用的是 " 等待 - 唤醒 " 的机制，因此具有更好的控制性。

3. 获取信号量值

```
#include   <semaphore.h>
int sem_getvalue(sem_t *sem, int *sval);
```

利用 sem_getvalue 函数可以获取信号量的值，并将通过参数 sval 返回。

下面通过一个例子来说明信号量是如何控制线程间的同步问题的，首先在 main 函数中从键盘读取一些文本到一个缓冲区内，然后利用另一个线程计算当前缓冲区内的字符个数，利用信号量的方式控制这两个线程的同步，只有当主线程中有新的输入行写到缓冲区时，新线程才开始统计来自输入的字符个数。

例 11-7　利用信号量进行线程同步的演示。

```
/*演示程序ch11-7.c*/
#include <stdio.h>
#include <stdlib.h>
#include <pthread.h>
#include <semaphore.h>
#include <string.h>
#define BUFSIZE 1024
char shared_buf[BUFSIZE];
sem_t sem;
void *thread_func(void *arg)
{
    while(strncmp( " end " ,shared_buf,3)!=0){
      sem_wait(&sem);     //等待信号量+1后再继续
      printf( " [new thread]amounts of character:%d\n " ,strlen(shared_buf)-1);
    }
    pthread_exit( " New thread end!\n " );
}
int main(int argc,char *argv[])
{
    pthread_t new_thread;
    int res;
    sem_init(&sem,0,0);                    //创建并初始化一个信号量
    res=pthread_create(&new_thread,NULL,thread_func,NULL);
    if(res!=0){
```

```
    perror( " New thread create fail!\n " );
    exit(1);
}
do{
    fgets(shared_buf,BUFSIZE,stdin);
    sem_post(&sem);                     //信号量+1
}while(strncmp( " end " ,shared_buf,3)!=0);
pthread_join(new_thread,NULL);
sem_destroy(&sem);
printf( " main thread exit\n " );
exit(0);
}
```

程序的运行结果如图 11-8 所示。

```
tarena@ubuntu:~/linux$ gcc ch11-7.c -lpthread
tarena@ubuntu:~/linux$ ./a.out
hello
[new thread]amounts of character:5
www
[new thread]amounts of character:3
end
[new thread]amounts of character:3
main thread exit
```

图 11-8　程序 ch11-7.c 运行结果

11.5.2 用互斥量进行同步

互斥量是通过一种锁机制来实现线程间的同步，所以也称为"互斥锁"。互斥锁在同一时刻只允许一个线程执行一个关键部分的代码，它的作用就像一把多人共用的锁，当一个线程需要对代码关键部分进行访问控制时，就必须在这段代码之前加上一把互斥锁，只有拥有这把锁的线程才能访问这段关键代码，而当线程访问完后需要通过解锁使其他线程有可能去访问这段关键代码。

使用互斥量和使用信号量的流程基本类似，它在 Linux 中定义的数据类型是 pthread_mutex_t，互斥量常用的函数有以下几种。

1. 互斥锁的创建和销毁操作

```
#include  <pthread.h>
int  pthread_mutex_init (pthread_mutex_t  *mutex,
                           const pthread_mutex-attr_t  *mutexattr);
int  pthread_mutex_destroy (pthread_mutex_t  *mutex);
```

和信号量一样，使用互斥锁之前也必须进行初始化操作，pthread_mutex_init 函数可以用来初始化互斥锁，其参数 mutexattr 表示互斥锁的属性，如果为 NULL 就使用默认属性。表 11-6 列出了互斥锁属性可供选择的 4 种值。

表 11-6　互斥锁属性参数的取值及其含义

参数值	说　明
PTHREAD_MUTEX_TIMED_NP	缺省值，普通锁：当一个线程加锁后，其余请求锁的线程将形成一个等待队列，并在解锁后按优先级获得锁，这种锁策略保证了资源分配的公平性
PTHREAD_MUTEX_RECURSIVE_NP	嵌套锁：允许同一个线程对同一个锁成功获得多次，但必须有同等数量的解锁。如果是不同线程的请求，则在加锁线程解锁时重新竞争
PTHREAD_MUTEX_ERRORCHECK_NP	检错锁：如果同一个线程请求同一个锁，则返回 EDEADLK，否则与 PTHREAD_MUTEX_TIMED_NP 类型动作相同
PTHREAD_MUTEX_ADAPTIVE_NP	适应锁：动作最简单的锁类型，仅等待解锁后重新竞争

　　pthread_mutex_destroy 函数用于销毁互斥锁，销毁锁时要求锁当前处于开放状态，如果锁处于加锁状态，函数会返回 EBUSY 错误码。同 pthread_mutex_init 函数一样，当函数执行成功时返回 0，失败时将返回一个错误代码，但不设置 errno 值，因此必须对错误返回码进行检查。

2. 互斥锁的加锁和解锁操作

```
#include <pthread.h>
int pthread_mutex_lock (pthread_mutex_t *mutex);
int pthread_mutex_unlock (pthread_mutex_t *mutex);
```

　　用 pthread_mutex_lock 函数加锁时，如果 mutex 已经被锁住，当前尝试加锁的线程会被阻塞，直到互斥锁被其他线程释放。当 pthread_mutex_lock 函数返回时，说明互斥锁已经被当前线程成功加锁。另外，Linux 还提供了一个非阻塞版的加锁函数，那就是 pthread_mutex_trylock 函数，该函数在加锁时，如果 mutex 已经被加锁，它将立即返回，返回的错误码是 EBUSY，而不像 pthread_mutex_lock 函数那样处于阻塞等待的状态。

　　用 pthread_mutex_unlock 函数解锁时，必须要满足两个条件：一个条件是互斥锁必须处于加锁状态；另一个条件是调用本函数的线程必须是给互斥锁加锁的线程。解锁后如果有其他线程等待该锁，等待队列中的第一个线程将获得互斥锁。

　　当函数执行成功时返回 0，失败时将返回一个错误代码，但不设置 errno 值。

　　关于程序对一些关键性变量或代码段的访问，可以用一个互斥锁来保证任一时刻只有一个线程可以去访问它们。

　　例 11-8　利用互斥锁机制改写例 11-7 的程序。

```
/*演示程序ch11-8.c*/
#include <stdio.h>
#include <stdlib.h>
#include <pthread.h>
#include <string.h>
#define BUFSIZE 1024
char shared_buf[BUFSIZE];
pthread_mutex_t mutex;
int has=0;
void *thread_func(void *arg)
{
    while(strncmp( " end " ,shared_buf,3)!=0){
```

```
        if(has==1){
            /*此时代表缓冲区接收了新的键盘输入*/
            pthread_mutex_lock(&mutex);
            printf( " [new thread]amounts of character:%d\n " ,
                                        strlen(shared_buf)-1);
            has=0;                        //读取完毕,has=0表示允许缓冲区接收新的输入
            pthread_mutex_unlock(&mutex);
        }else
            sleep(1);
    }
    pthread_exit( " New thread end!\n " );
}
int main(int argc,char *argv[])
{
    pthread_t new_thread;
    int res;
    int vres;
    pthread_mutex_init(&mutex,NULL);        //初始化一个互斥锁
    res=pthread_create(&new_thread,NULL,thread_func,NULL);
    if(res!=0){
        perror( " New thread create fail!\n " );
        exit(1);
    }
    do{
        if(has==0){
            /*表示当前缓冲区允许接收新的输入*/
            pthread_mutex_lock(&mutex);        //加锁
            fgets(shared_buf,BUFSIZE,stdin);
            has=1;                    //has=1表示缓冲区已接收了新的输入,待另一线程读取
            pthread_mutex_unlock(&mutex);        //解锁
        }else
            sleep(1);
    }while(strncmp( " end " ,shared_buf,3)!=0);
    pthread_join(new_thread,NULL);
    pthread_mutex_destroy(&mutex);        //销毁互斥锁
    printf( " main thread exit\n " );
    exit(0);
}
```

程序的运行结果如图 11-9 所示。

```
tarena@ubuntu:~/linux$ gcc ch11-8.c -lpthread
tarena@ubuntu:~/linux$ ./a.out
abc
[new thread]amounts of character:3
deff
[new thread]amounts of character:4
end
main thread exit
```

图 11-9　程序 ch11-8.c 运行结果

在使用互斥量进行加锁时，应注意加锁和解锁的时机，否则容易形成死锁。在这个程序中使用了一个 has 变量来控制线程的加锁和解锁，以避免一个线程独占 CPU，读者可以尝试取消 has 变量的控制，看看程序结果会发生怎样的变化。

11.6 聊天室的实现

聊天室服务器端程序如下：

```c
/*程序文件:chat_server.c*/
#include <stdio.h>
#include <pthread.h>
#include <sys/socket.h>
#include <netinet/in.h>
#include <arpa/inet.h>
#include <stdlib.h>
#include <unistd.h>
#include <string.h>
#include <signal.h>
#include <pthread.h>
//一些准备工作
struct client{
    char name[30];//客户端连接上来时,发过来的名字
    int fds;//标志客户端的socket描述符
};
struct client c[100] = {0};//最多记录100个客户端
int sockfd;//服务器的socket
int size;//标记数组的下标
char *IP =  " 127.0.0.1 " ;//获取本机IP,回送地址
short PORT = 10222;//端口号
typedef struct sockaddr SA;//用作通信地址类型转换

//1初始化服务器的网络
void init(){
    printf( " 聊天室服务器开始启动..\n " );
    //创建socket
    sockfd = socket(PF_INET,SOCK_STREAM,0);
    if(sockfd == -1){
        perror( " 创建socket失败 " );
        printf( " 服务器启动失败\n " );
        exit(-1);
    }
    //准备通信地址
    struct sockaddr_in addr;//网络通信地址结构
    addr.sin_family = PF_INET;//协议簇
    addr.sin_port = htons(PORT);//端口
    addr.sin_addr.s_addr = inet_addr(IP);//IP地址
    //绑定socket和通信地址
    if(bind(sockfd,(SA*)&addr,sizeof(addr)) == -1){
```

```
            perror( " 绑定失败 " );
            printf( " 服务器启动失败\n " );
            exit(-1);
        }
        printf( " 成功绑定\n " );
        //设置监听
        if(listen(sockfd,100) == -1){
            perror( " 设置监听失败 " );
            printf( " 服务器启动失败\n " );
            exit(-1);
        }
        printf( " 设置监听成功\n " );
        printf( " 初始化服务器成功\n " );
        //等待客户端连接(写到另一个函数中)
}
//分发消息函数
void sendMsgToAll(char *msg){
    int i = 0;
    for(;i<size;i++){
        printf( " sendto%d\n " ,c[i].fds);
        send(c[i].fds,msg,strlen(msg),0);
    }
}
//线程函数中进行通信
//主要是接收客户端的消息,把消息分发给所有客户端
void * service_thread(void *p){
    char name[30] = {};
    if(recv(c[size].fds,name,sizeof(name),0)>0){
        //接收到客户端的昵称
        strcpy(c[size].name,name);
    }
    size++;
    //先群发一条提示,告诉所有客户端某某进入聊天室
    char tishi[100] = {};
    sprintf(tishi, " 热烈欢迎 %s 进入本聊天室\n " ,c[size-1].name);
    //用来群发消息的函数
    sendMsgToAll(tishi);
    int fd = *(int*)p;
    printf( " pthread = %d\n " ,fd);
    //通信,接收消息,分发消息
    while(1){
        char buf[100] = {};
        if(recv(fd,buf,sizeof(buf),0) == 0){
            //返回0表示客户端退出连接
            printf( " fd = %dquit\n " ,fd);//test
            //清除这个客户端在数组中的信息
            int i,j;
            char name[20] = {};
            int flag = 1;//开关标志
            for(i=0;i<size;i++){
                if(c[i].fds == fd){
```

```
                    strcpy(name,c[i].name);//记录要删除客户端的昵称
                    i++;//防止数组溢出
                    flag = 0;
                }
                if(flag!=1){
                    c[i-1].fds = c[i].fds;//覆盖
                    strcpy(c[i-1].name,c[i].name);
                }
            }
            c[i].fds = 0;//覆盖最后一个数组元素值
            strcpy(c[i].name, "  " );//数组赋值空串
            size--;
            printf( " quit->fd=%dquit\n " ,fd);
            char msg[100] = {};
            sprintf(msg, " 欢送 %s 离开本聊天室\n " ,name);
            //将退出提示发送给所有人
            sendMsgToAll(msg);
            close(fd);//关闭描述符
            return;//客户端退出之后,结束线程
        }
        sendMsgToAll(buf);//如果正确读取到客户端发来的消息,直接将消息分发给所有在线客户即可
    }
}
//2等待客户端连接,启动服务器的服务
void service(){
    printf( " 服务器开始服务\n " );
    while(1){
        struct sockaddr_in fromaddr;//存储客户端的通信地址
        socklen_t len = sizeof(fromaddr);
        int fd = accept(sockfd,(SA*)&fromaddr,&len);
        if(fd == -1){
            printf( " 客户端连接出错\n " );
            continue;//继续下一次循环等待客户端连接
        }
        //有客户端成功连上服务器,记录socket
        c[size].fds = fd;
        printf( " fd = %d\n " ,fd);//测试查看
        //开启线程,为此客户端服务
        pthread_t pid;
        pthread_create(&pid,0,service_thread,&fd);
    }
}
void sig_close(){
    //关闭服务器的socket
    close(sockfd);
    printf( " 服务器已经关闭..\n " );
    exit(0);
}
int main(){
    //对Ctrl+C 发的信号进行处理,做好善后工作
    //关闭服务器的socket描述符号
```

```
    signal(SIGINT,sig_close);//自定义信号处理函数
    init();//初始化服务器网络
    service();//启动服务
    return 0;
}
```

聊天室客户端程序如下：

```
/*程序文件:chat_client.c*/
//聊天室客户端
#include <stdio.h>
#include <stdlib.h>
#include <string.h>
#include <unistd.h>
#include <sys/socket.h>
#include <netinet/in.h>
#include <arpa/inet.h>
#include <pthread.h>
#include <signal.h>
//准备工作
int sockfd;//客户端socket
char *IP =   " 127.0.0.1 " ;//本地IP
short PORT = 10222;//服务器服务端口
typedef struct sockaddr SA;
char name[30];//存放聊天昵称
//1启动客户端,连接服务器
void init(){
    printf( " 客户端开始启动\n " );
    sockfd = socket(PF_INET,SOCK_STREAM,0);
    struct sockaddr_in addr;
    addr.sin_family = PF_INET;
    addr.sin_port = htons(PORT);
    addr.sin_addr.s_addr = inet_addr(IP);
    if(connect(sockfd,(SA*)&addr,sizeof(addr)) == -1){
        perror( " 无法连接到服务器 " );
        printf( " 客户端启动失败\n " );
        exit(-1);
    }
    printf( " 客户端启动成功\n " );
}
//2通信
void start(){
    //发消息之前,启动线程接收服务器发过来的消息
    pthread_t pid;
    void* recv_thread(void*);//函数声明
    pthread_create(&pid,0,recv_thread,0);
    while(1){
        char buf[100] = {};
        gets(buf);//读取客户端的输入
        char msg[100] = {};
        sprintf(msg, " %s 说: %s " ,name,buf);
        send(sockfd,msg,strlen(msg),0);//发送消息给服务器
```

```
    }
}
void* recv_thread(void *p){
    while(1){
        char buf[100] = {};
        if(recv(sockfd,buf,sizeof(buf),0)<=0){
            return;//出错就结束线程
        }
        printf( " %s\n " ,buf);//输出接收到的内容
    }
}
void sig_close(){
    //关闭客户端的socket
    close(sockfd);
    exit(0);
}
int main(){
    signal(SIGINT,sig_close);//善后工作
    printf( " 请输入您的昵称: " );
    scanf( " %s " ,name);
    init();//连接服务器
    send(sockfd,name,strlen(name),0);
    start();//通信
    return 0;
}
```

程序运行结果如图 11-10 和图 11-11 所示。

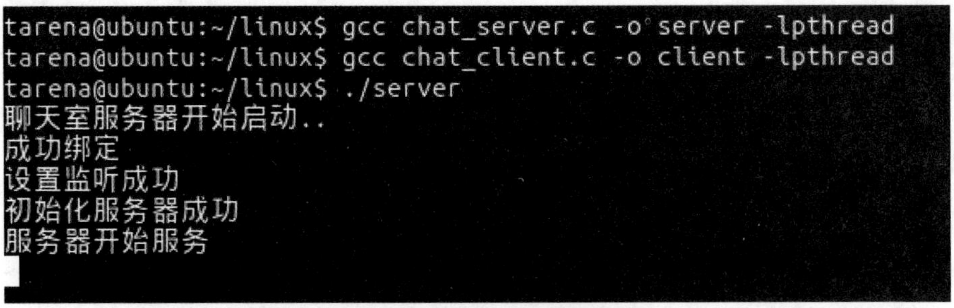

图 11-10 启动服务器端程序

图 11-11 启动客户端程序

可以将服务器端程序和客户端程序分别部署到两台虚拟机中进行测试，具体的实验步骤如下。

（1）首先将两台虚拟机的 IP 地址设置到同一网段，比如 10.16.112.x，子网掩码为 255.255.255.0，保证两台虚拟机能够 ping 通。

（2）将客户端程序和服务器端程序中的 IP 地址由本机回环地址更改为作为服务器一端的虚拟机的 IP 地址。

（3）分组进行测试。

11.7 小结

本章首先介绍了 Linux 下 POSIX 线程的基本知识，以及多进程编程和多线程编程的联系和区别、各自的优缺点，随后讲解了如何创建多个执行线程以及控制线程之间终止顺序的方法，并介绍了对线程属性的控制。多线程编程通常用在处理大量 IO 操作或某个处理功能需要花费大量时间的情况下，通过开启多个执行序列的方法减少对用户响应时间的影响，另外应用多线程编程可以更好地支持 SMP 和多核环境下的程序设计。在本章的最后，介绍了对线程同步处理的两种方式：信号量和互斥锁，利用它们可以更好地对程序中关键代码和数据访问操作进行合理的控制。

◇ 习 题 ◇

一、填空题

1. 同一个进程内的多线程共享同一个_____，但每个线程也有其私有的数据信息，包括唯一的_____、_____、_____、信号掩码、优先级以及一些线程私有的存储空间等。

2. Linux 操作系统支持 POSIX 多线程接口，编写 Linux 下的多线程程序，需要用到头文件，在程序编译链接时需要用到_____选项。

3. detachedstate 属性可以帮助我们设置线程以什么样的方式来终止自己，其缺省值为_____。

4. Linux 下有两种方式可以使线程终止，一种是通过_____从线程函数中返回；另一种是调用函数_____终止线程。

二、上机题

1. 编写一个多进程多线程程序，要求创建两个子进程，且每个子进程再分别创建两个线程，并输出它们的进程号和线程号。

2. 编写一个多线程程序，主线程通过传递一个开关型参数操作子线程的动作，该动作只需要提供简单的输出打印即可，并且子线程要求是一个脱离线程。

3. 创建两个线程以实现对一个数的递加操作。

第 12 章

Linux
网络编程

　　本章主要介绍 Linux 环境下网络编程的基本知识以及套接字网络进程间通信接口。Linux 的网络连接是通过内核完成的，其支持多种网络协议，如 TCP/IP、IPX、DDP 以及 IPv6 等。Linux 系统通过提供套接字 (socket) 进行网络编程。网络程序通过 socket 和其他几个函数的调用后返回一个通信的文件描述符，可以将这个描述符看成普通文件的描述符来操作，并通过对描述符读写操作实现网络间的数据交流。

12.1 网络编程常识

TCP/IP 协议是一组在网络中提供可靠数据传输和非可靠数据服务的协议。该协议组中最主要的协议就是 TCP 协议和 IP 协议，当然还包括其他协议，例如 ICMP、ARP、PPP 等协议。提供网络可靠传输（面向连接）的称为 TCP 协议，提供非可靠（面向无连接）传输的称为 UDP。

TCP/IP 协议参考模型如图 12-1 所示。

应用层	FTP，Telnet，HTTP			
传输层	TCP，UDP			
网络互联层	IP			
主机联网层	以太网	令牌环网	802.2	HDLC，PPP，FRAME-RELAY
			802.3	EIA/TIA-232，V.35

图 12-1 TCP/IP 参考模型及协议

在 TCP/IP 参考模型中，去掉了 OSI 参考模型中的会话层和表示层（这两层的功能被合并到应用层实现），同时将 OSI 参考模型中的数据链路层和物理层合并为主机联网层。

12.1.1 TCP/IP 协议概述

前面已经说过，TCP/IP 属于协议组，参考模型分为四层，下面对各层功能及用到的协议进行详细介绍。

1. 主机联网层

处理与电缆（或其他任何传输媒介）的物理接口细节（编码的方式、成帧的规范等）。当今在网络接入层上较流行的技术有 IEEE 802.3 以太网、无线、帧中继、ATM、X.35、PPP 等。

2. 网络互联层

提供阻塞控制、路由选择（静态路由和动态路由），用到的协议如下。

（1）IP：IP 协议提供不可靠、无连接的传送服务。IP 协议的主要功能有：无连接数据报传输、数据报路由选择和差错控制。

（2）ARP：地址解析协议。基本功能就是通过目标设备的 IP 地址，查询目标设备的 MAC 地址，以保证通信的顺利进行。以太网中的数据帧从一个主机到达网内的另一台主机是根据 48 位的以太网地址（硬件地址）来确定接口的，而不是根据 32 位的 IP 地址。内核必须知道目的端的硬件地址才能发送数据。P2P 的连接是不需要 ARP 的。

（3）RARP：反向地址转换协议。允许局域网的物理机器从网关服务器的 ARP 表或者缓存上请求其 IP 地址。局域网网关路由器中存有一个表以映射 MAC 和与其对应的 IP 地址。当设置一台新的机器时，其 RARP 客户机程序需要向路由器上的 RARP 服务器请求相应的 IP 地址。假设在路由表中已经设置了一个记录，RARP 服务器将会返回 IP 地址给机器。

（4）IGMP：组播协议包括组成员管理协议和组播路由协议。组成员管理协议用于管理组播组成员的加入和离开，组播路由协议负责在路由器之间交互信息来建立组播树。IGMP 属于前者，是组播路由器用来维护组播组成员信息的协议，运行于主机和组播路由器之间。IGMP 信息封装在 IP 报文中，其 IP 的协议号为 2。

（5）ICMP：Internet 控制报文协议。用于在 IP 主机、路由器之间传递控制消息。控制消息是指网络是否通畅、主机是否可达、路由是否可用等网络本身的消息。这些控制消息虽然并不传输用户数据，但是对于用户数据的传递起着重要作用。

（6）BGP：边界网关协议。处理像因特网大小的网络和不相关路由域间的多路连接。

（7）RIP：路由信息协议。它是一种分布式的基于距离矢量的路由选择协议。

3. 传输层

提供数据的分段与重组、差错控制和流量的控制以及纠错功能。其用到的协议如下。

（1）TCP：一种面向连接的、可靠的、基于字节流的传输层通信协议。

（2）UDP：用户数据报协议。它是一种无连接的传输层协议，提供面向事务的简单不可靠信息传送服务。

（3）RTP：实时传输协议。为数据提供了具有实时特征的端对端传送服务，如在组播或单播网络服务下的交互式视频音频或模拟数据。

4. 应用层

提供用户服务，即确定进程之间通信的性质，以满足用户需要以及提供网络与用户应用软件之间的接口服务。其用到的协议如下。

（1）HTTP：超文本传输协议，基于 TCP，是用于从 WWW 服务器传输超文本到本地浏览器的传输协议。它可以使浏览器更加高效，使网络传输信息量减少。

（2）SMTP：简单邮件传输协议，是一组用于由源地址到目的地址传送邮件的规则，由它来控制信件的中转方式。

（3）SNMP：简单网络管理协议，由一组网络管理的标准组成，包含一个应用层协议、数据库模型和一组资源对象。

（4）FTP：文件传输协议，用于 Internet 上控制文件的双向传输，同时也是一个应用程序。

（5）Telnet：是 Internet 远程登录服务的标准协议和主要方式。为用户提供了在本地计算机上完成远程主机工作的功能。在终端使用者的电脑上使用 Telnet 程序，用它连接到服务器。

（6）SSH：安全外壳协议，为建立在应用层和传输层基础上的安全协议。SSH 是目前较可靠，专为远程登录会话和其他网络服务提供安全性的协议。

（7）NFS：网络文件系统，是 FreeBSD 支持的文件系统中的一种，允许网络中的计算机之间通过 TCP/IP 网络共享资源。

12.1.2 IP 地址与端口

1. IP 地址

IP 是英文 Internet Protocol 的缩写，意为"网络之间互连的协议"，也就是为计算机网络相互连接进行通信而设计的协议。在因特网中，它是使所有计算机网络实现相互通信的一套规则。任何厂家生产的计算机系统，只要遵守 IP 协议就可以与因特网互连互通。正是因为有了 IP 协议，因特网才得以迅速发展成为世界上最大的、开放的计算机通信网络。因此，IP 协议也称为"因特网协议"。

IP 地址是一个 32 位的二进制数，通常被分割为 4 个"8 位二进制数"（也就是 4 个字节）。IP 地址通常用"点分十进制"表示成（a.b.c.d）的形式，其中，a,b,c,d 都是 0~255 之间的十进制整数。例如：点分十进制 IP 地址（100.4.5.6），实际上是 32 位二进制数（01100100.00000100.00000101.00000110）。

IP 地址编址方案将 IP 地址空间划分为 A、B、C、D、E 五类，其中 A、B、C 是基本类，D、E 类作为多播和保留使用。

IPv4 就是有 4 段数字，每一段最大不超过 255。由于互联网的蓬勃发展，IP 位址的需求量愈来愈大，使得 IP 位址的发放愈趋严格，地址空间的不足必将妨碍互联网的进一步发展。为了扩大地址空间，拟通过 IPv6 重新定义地址空间。IPv6 采用 128 位地址长度。

2. 端口

为了在一台设备上可以运行多个程序，人为地设计了端口 (Port) 的概念，类似的例子是公司内部的分机号码。规定一个设备有 216 个，也就是 65536 个端口，每个端口对应一个唯一的程序。每个网络程序，无论是客户端还是服务器端，都对应一个或多个特定的端口号。由于 0 ~ 1024 之间多被操作系统占用，所以实际编程时一般采用 1024 以后的端口号。一些常见的服务对应的端口有：ftp——23，telnet——23，smtp——25，dns——53，http——80，https——443。

使用端口号，可以找到一台设备上唯一的一个程序。 所以如果需要和某台计算机建立连接，只需要知道 IP 地址或域名即可，但如果想和该台计算机上的某个程序交换数据，还必须知道该程序使用的端口号。其中，端口号 0 ~ 1023 是系统预留使用的端口，最好不用；1024~ 4.8 万可以使用；4.8 万 ~65535 之间的端口号系统随时会征用，最好不用。

12.1.3 网络字节序和主机字节序

字节序，顾名思义就是字节的顺序，即大于一个字节类型的数据在内存中的存放顺序。字节序分为两类，一类称为"大端"（Big-Endian），即高位字节排放在内存的低地址端，低位字节排放在内存的高地址端；另一类称为"小端"（Little-Endian），即低位字节排放在内存的低地址端，高位字节排放在内存的高地址端。例如，整型 0x12345678 在大端和小端模式下的存储方式如图 12-2 所示。

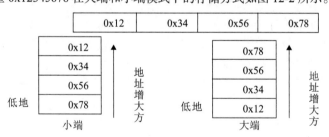

图 12-2　大端与小端模式

不同的 CPU 上运行着不同的操作系统，字节序也是不同的，例如处理器 HP-PA，在 Windows NT 操作系统平台下，字节序为小端模式；而同样是 HP-PA，在 UNIX 操作系统平台下，字节序就为大端模式。Intel x86 处理器采用的是小端模式。由此可见，不同的 CPU 有不同的字节序类型，被称为主机字节序。

网络字节顺序是 TCP/IP 中规定好的一种数据表示格式，它与具体的 CPU 类型、操作系统等无关，网络字节顺序采用大端模式，即高位字节在低地址。

例 12-1　字节序测试程序。

不同 CPU 平台上的字节序通常是不一样的，下面的 C 程序用来测试不同平台上的字节序。

```
#include <stdio.h>
#include <netinet/in.h>
 int main()
 {
     int i_num = 0x12345678;
     printf( " [0]:0x%x\n " , *((char *)&i_num + 0));
     printf( " [1]:0x%x\n " , *((char *)&i_num + 1));
     printf( " [2]:0x%x\n " , *((char *)&i_num + 2));
     printf( " [3]:0x%x\n " , *((char *)&i_num + 3));
     i_num = htonl(i_num);
     printf( " [0]:0x%x\n " , *((char *)&i_num + 0));
     printf( " [1]:0x%x\n " , *((char *)&i_num + 1));
     printf( " [2]:0x%x\n " , *((char *)&i_num + 2));
     printf( " [3]:0x%x\n " , *((char *)&i_num + 3));
     return 0;
 }
```

在 80x86 CPU 平台上，执行该程序得到如下结果：

```
[0]:0x78
[1]:0x56
[2]:0x34
[3]:0x12

[0]:0x12
[1]:0x34
[2]:0x56
[3]:0x78
```

　　分析结果，在 80x86CPU 平台上，系统将多字节中的低位存储在变量起始地址，使用小端模式法。htonl 将 i_num 转换成网络字节序，可见网络字节序是大端模式法。

　　对于 TCP/IP 应用程序，实现主机字节序和网络字节序之间转换的函数主要有 4 个，见表 12-1。

表 12-1　大小端转换函数

函数原型	返 回 值
uint32_t htonl(uint32_t hostint32);	以网络字节序表示的 32 位整型数据
uint16_t htons(uint16_t hostint16);	以网络字节序表示的 16 位整型数据
uint32_t ntohl(uint32_t netint32);	以主机字节序表示的 32 位整型数据
uint16_t ntohs(uint16_t netint16);	以主机字节序表示的 16 位整型数据

注：h 表示主机字节序，n 表示网络字节序。l 表示长整型，s 表示短整型。需要的头文件为 #include <arpa/inet.h>。

12.2　简单的本地通信

　　使用套接字除了可以实现网络间不同主机间的通信外，还可以实现同一主机的不同进程间的通信，且建立的通信是双向的对等通信。socket 进程通信与网络通信使用的是统一套接口，只是地址结构与某些参数不同。socket 编程要考虑服务器端和客户端两方面内容，而客户端 / 服务器模式也是网络上绝大多数通信应用程序都使用的机制。客户服务器模式要求每个应用程序由两部分组成，一部分负责启动通信，另一部分负责应答。客户端和服务器端关系如图 12-3 所示。

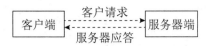

图 12-3　客户端 / 服务器端关系图

12.2.1 socket 实现本地通信

套接字是通信端点的抽象概念，第 7 章曾经使用文件描述符来访问文件，那么应用程序则利用套接字描述符来访问套接字。也可以将套接字描述符当作一种文件描述符。前面已经提到，socket 编程需要考虑服务器端程序和客户端程序，下面介绍用 socket 实现通信的编程步骤。

服务器端的编程步骤：

(1) 调用 socket 函数来创建一个 socket 描述符。

(2) 准备通信地址。

(3) 对通信地址和 socket 描述符进行绑定（使用 bind 函数）。

(4) 读写数据（使用 read 和 write 函数实现）。

(5) 关闭 socket 描述符（使用 close 函数）。

客户端的编程步骤：

(1) 调用 socket 函数来创建一个 socket 描述符。

(2) 准备通信地址。

(3) 对通信地址和 socket 描述符进行连接（使用 connect 函数）。

(4) 读写数据（使用 read 和 write 函数实现）。

(5) 关闭 socket 描述符（使用 close 函数）。

我们发现，客户端和服务器端除了第 (3) 步不同，其他步骤基本相同。

12.2.2 相关 API 详解

下面详细介绍编程步骤里提到的各个函数以及通信地址（实质上是定义一个结构体类型的变量）的用法。

1. socket 函数

函数原型：int socket(int domain, int type, int protocol) ;

参数 domain 的取值及作用：

AF_UNIX/AF_LOCAL/AF_FILE：创建本地通信描述符。

AF_INET：创建网络通信描述符 IPV4。

AF_INET6：创建网络通信描述符 IPV6。

⚠ 注 意　AF 替换为 PF，其效果一样。

参数 type 的取值及作用：

SOCK_STREAM：实现面向连接的通信类型，即基于 TCP 的通信。

SOCK_DGRAM：实现面向非连接的通信类型，即基于 UDP 的通信。

参数 protocol 本来是用于指定协议，但目前基本没有意义，所以赋值为 0 即可。

返回值：成功则返回 socket 描述符（非负整数），若失败返回值为 -1。

2. 通信需要准备的结构体

struct sockaddr：无实际意义的结构体，称之为"傀儡"。

struct sockaddr_un：表示负责本地通信的地址数据。

struct sockaddr_in：表示负责网络通信的地址数据。

```
#include <sys/un.h>
struct sockaddr_un
{
sa_family_t sun_family;      //用于指定协议簇,要和创建socket描述符步骤中socket函数参数
                             //domain的取值一致.
char sun_path[];             //存放socket文件名(只要是存在的一个文件或文件夹即可,一
                             //般情况下使用特殊目录.或..)
}
#include <netinet/in.h>
struct sockaddr_in
{
sa_family_t sin_family;      //用于指定协议簇,要和创建socket描述符步骤中socket函数参数domain
                             //的取值一致
        short sin_port;      //端口号
  struct in_addr sin_addr;   //存储IP地址
};
```

3. bind 函数

函数原型：int bind(int sockfd, struct sockaddr *addr, socklen_t size);

参数说明：

sockfd：编程步骤（1）中使用 socket 函数返回的描述符。

addr：通信使用的地址，本质是 sockaddr_in 或 sockaddr_un 类型的数据，使用时将做类型转换，转换成 struct sockaddr * 类型的数据。

size：addr 对应结构体的大小。

返回值：成功则返回 0，失败则返回 -1。

4. connect 函数

函数原型：int connect(SOCKET s, const struct sockaddr * name, int namelen);

参数说明：

s：socket 描述符。

name：指向要连接套接字的 sockaddr 结构体的指针。

namelen：sockaddr 结构体的字节长度。

返回值：成功返回 0，失败返回 SOCKET_ERROR 错误，应用程序可通过 WSAGetLastError() 获取相应错误代码。

5. read 和 write 函数

函数原型：int read(int fd,char *buf,int len);

```
            int write(int fd,char *buf,int len);
```

参数说明：

fd 指定读写操作的 socket 描述符。

buf 在 read 函数中指定接收数据缓冲区，在 write 函数中表示发送数据缓冲区。

len 指定接收或发送的数据大小。

返回值：read 函数执行成功后返回读到的数据大小，失败则返回 -1；write 函数执行成功后返回写入的数据大小，失败则返回 -1。

以上就是关于 socket 实现本地通信所需要的函数，下面举例说明 socket 编程步骤。

例 12-2　用 socket 实现本地通信测试程序。

local_server.c 服务器端程序代码如下：

```c
#include <stdio.h>
#include <stdlib.h>
#include <string.h>
#include <unistd.h>
#include <sys/types.h>
#include <sys/socket.h>
#include <sys/un.h>
int main()
{
    /*1 创建socket描述符*/
    int sockfd = socket(PF_UNIX, SOCK_DGRAM, 0);
    if(sockfd == -1)
    {
        perror( " socket failed " );
        exit(-1);
    }
    /*2 准备地址*/
    struct sockaddr_un addr;
    addr.sun_family = PF_UNIX;
    strcpy(addr.sun_path , " a.sock " );
    /*3 绑定*/
    int res = bind(sockfd, (struct sockaddr *)&addr, sizeof(addr));//做强制类型转换
    if(res == -1)
    {
        perror( " bind failed! " );
        exit(-1);
    }
    /*4 进行通信*/
    char buf[100] = {0};
    int len = read(sockfd, buf, sizeof(buf));
    if(len < 0)
    {
        perror( " read failed " );
        exit(-1);
    }
    printf( " read from sockfd %s\n " , buf);

    /*5 关闭socket描述符*/
```

```
    close(sockfd);
    /*删除a.sock*/
    unlink( " a.sock " );
    return 0;
}
```

local_client.c 客户端程序代码如下：

```
#include <stdio.h>
#include <stdlib.h>
#include <string.h>
#include <unistd.h>
#include <sys/types.h>
#include <sys/socket.h>
#include <sys/un.h>
int main()
{
    /*1 创建socket描述符*/
    int sockfd = socket(PF_UNIX, SOCK_DGRAM, 0);
    if(sockfd == -1)
    {
        perror( " socket failed " );
        exit(-1);
    }
    /*2 准备地址*/
    struct sockaddr_un addr;
    addr.sun_family = PF_UNIX;
    strcpy(addr.sun_path ,  " a.sock " );

    /*3 进行连接*/
    int res = connect(sockfd, (struct sockaddr *)&addr,  sizeof(addr));
    if(res == -1)
    {
        perror( " connect failed! " );
        exit(-1);
    }
    /*4 进行通信*/
    int len = write(sockfd, " hello socket, 13);
    if(len < 0)
    {
        perror( " write failed " );
        exit(-1);
    }

    /*5 关闭*/
    close(sockfd);
    /*删除a.sock*/
    unlink("a.sock");
    return 0;
}
```

将上述两个源程序进行编译、链接生成可执行文件 local_server 和 local_client，先执行服务器端程序，再执行客户端程序，运行结果如图 12-4 所示。

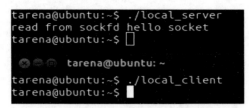

图 12-4　程序运行结果

12.3　socket 实现网络通信

在日常应用中有很多关于 socket 网络通信的例子，例如局域网内打游戏，使用浏览器看视频，用 QQ 软件聊天等。可以说 socket 是底层抽象给应用层所使用的一套接口。网络通信的传输方式有两种，一种是基于 TCP（数据可靠传输），另一种是基于 UDP（数据不可靠，一般用于实时视频传输）。

12.3.1　基于 TCP 的网络编程

由于基于 TCP 的套接字是面向连接的，因此又称为基于流（Stream）的套接字。TCP 是 Transmission Control Protocol（传输控制协议）的简写，译为"对数据传输过程的控制"。那么，在网络交互过程中，服务器端和客户端要始终保持连接，不能断开。TCP 协议会重发一切出错数据，保证数据的完整性和顺序性。缺点就是资源消耗比较大。服务器端编程步骤：

（1）创建 socket 描述符 socket()。
（2）准备通信地址 struct sockaddr_in。
（3）绑定 bind()。
（4）监听 listen()。
（5）等待客户端的连接 accept()。
（6）read/write。
（7）关闭 socket。
客户端编程步骤：
（1）创建 socket 描述符 socket()。
（2）准备通信地址 struct sockaddr_in。
（3）连接到服务器 connect()。
（4）read/write。
（5）关闭 socket。

12.3.2　相关 API 详解

1. inet_aton 函数
函数原型：inet_aton(Const　char *cp ,struct in_addr *inp) ;

参数 cp：字符串类型的 IP 地址。

inp：struct in_addr * 类型的数据。

函数作用：将字符串类型的 cp 转换成 struct in_addr * 类型的数据并赋值给 inp 变量。

返回值：成功则返回非 0 值，失败则返回 0。

2. listen 函数

函数原型：int listen(int sockfd, int backlog)；

参数说明：

sockfd：socket 描述符。

backlog：未决连接请求队列的最大长度，即最多允许同时有多少个未决连接请求存在。在进程正在处理一个连接请求时，可能还存在其他连接请求。因为 TCP 连接是一个过程，所以可能存在一种半连接状态，有时由于同时尝试连接的用户过多，使得服务器进程无法快速地完成连接请求。如果出现这种情况，服务器进程希望内核如何处理呢？内核会在自己的进程空间里维护一个队列以跟踪这些完成的连接但服务器进程还没有接手处理的连接（还没有调用 accept 函数的连接），这样的一个队列内核不可能让其任意大，所以必须有一个大小的上限。这个 backlog 告诉内核使用这个数值作为上限。若服务器端的未决连接数已达此限值，此时，如果有客户端使用函数 connect() 连接服务器，那么 connect() 函数就会返回 -1，errno 的值为 ECONNREFUSED。

返回值：成功则返回 0，失败则返回 -1。

3. accept 函数

函数原型：int accept(int sockfd, struct sockaddr *addr, socklen_t *addrlen)；

从 sockfd 所标识的未决连接请求队列中，提取一个连接请求，同时创建一个新的套接字用于在该连接中通信，返回值为该套接字的描述符。通常情况下如果连接请求队列中没有请求，accept 会阻塞等待。

参数说明：

sockfd：套接字描述符。

addr 和 addrlen：用于输出连接请求发起者的地址信息，注意这两个参数一定不能为空。

返回值：成功则返回通信套接字描述符，失败则返回 -1。

4. recv 函数

函数原型：ssize_t recv(int sockfd, void *buf, size_t len, int flags)；

参数说明：

sockfd：套接字描述符。

buf，len：接收 len 个字节到 buf 所指向的缓冲区中。

flags：通常情况下设置为 0，表示没有数据读取时，客户端进程处于阻塞等待状态。

返回值：成功则返回实际接收到的字节数，失败则返回 -1。

5. send 函数

函数原型：ssize_t send(int sockfd, const void *buf, size_t len, int flags)；

参数说明：

sockfd：套接字描述符。

buf，len：发送 len 个字节到 buf 所指向的缓冲区中。

flags：通常情况下设置为 0，表示没有数据需要发送时，客户端进程处于阻塞等待状态。

返回值：成功则返回实际发送的字节数，失败则返回 -1。

6. recvfrom 函数

函数原型：ssize_t recvfrom(int sockfd, void *buf, size_t len, int flags, struct sockaddr *src_addr, socklen_t *addrlen)；

参数说明：

sockfd：套接字描述符。

buf：接收数据缓冲区。

len：期望接收数据长度。

flags：默认取 0。

src_addr：获取客户端 IP。

addrlen：前一个参数对应结构体的大小，切记该值不取 0。

返回值：成功则返回实际接收的字节数，失败则返回 -1。

7. sendto 函数

函数原型：ssize_t sendto(int sockfd, void *buf, size_t len, int flags,struct sockaddr *dest_addr, socklen_t addrlen)；

参数说明：

sockfd：套接字描述符。

buf：要发送数据的缓冲区。

len：期望发送的字节数。

flags：默认取 0。

dest_addr：目标主机 IP。

addrlen：前一个参数对应结构体的大小，切记该值不取 0。

返回值：成功则返回实际发送的字节数，失败则返回 -1。

前面已经介绍过字节序的概念，其中网络字节序采用的是大端模式，而目前的计算机 8086 平台采用的是小端模式，所以进行网络通信时，还需要一些大小端模式的转换函数，见表 12-1。下面举例说明基于 TCP 的网络编程的具体应用。

例 12-3 基于 TCP 的网络编程。

tcp_server.c 服务器端程序代码如下：

```c
#include <stdio.h>
#include <stdlib.h>
#include <string.h>
#include <unistd.h>
#include <arpa/inet.h>
#include <sys/socket.h>
#include <netinet/in.h>
#define PORT 8024
int main()
{
    /*1 创建socket*/
    int sockfd = socket(AF_INET,SOCK_STREAM,0);
    if(sockfd == -1)
    {
        perror( " socket failed! " );
        exit(-1);
    }
```

```
/*2 准备地址*/
struct sockaddr_in addr;
addr.sin_family = AF_INET;
addr.sin_port = htons(PORT);
inet_aton( " 127.0.0.1 " , &addr.sin_addr);
/*3 绑定*/
int res = bind(sockfd,  (struct sockaddr *)&addr, sizeof(addr));
if(res == -1)
{
    perror( " bind failed " );
    exit(-1);
}
/*4 监听端口*/
if(listen(sockfd, 100) == -1)
{
    perror( " listen failed " );
    exit(-1);
}
/*5 等待客户端连接*/
struct sockaddr_in fromaddr;//客户端地址
socklen_t len = sizeof(fromaddr);//注意len初始值一定不为0
int new_sd = accept(sockfd,  (struct sockaddr *)&fromaddr,  &len);
if(new_sd == -1)
{
    perror( " accept failed " );
    exit(-1);
}
char *from_ip = inet_ntoa(fromaddr.sin_addr);
printf( " 有一个客户端连接到服务器,它的IP:%s\n " ,
    from_ip);

/*6 处理客户端数据*/
char buf[100] = {0};
int ret = read(new_sd, buf, sizeof(buf));
if(ret < 0)
{
    perror( " read failed " );
    exit(-1);
}
else
{
    printf( " 从客户端读到数据,内容是%s\n " ,    buf);
}
char *str = "欢迎光临";
write(new_sd, str, strlen(str));

/*7 关闭连接*/
close(new_sd);
close(sockfd);
return 0;
}
```

tcp_client.c 客户端程序代码如下：

```c
#include <stdio.h>
#include <stdlib.h>
#include <string.h>
#include <unistd.h>
#include <arpa/inet.h>
#include <sys/socket.h>
#include <netinet/in.h>
#define PORT 8024
int main()
{
    /*1 创建socket*/
    int sockfd = socket(AF_INET,SOCK_STREAM,0);
    if(sockfd == -1)
    {
        perror( " socket failed! " );
        exit(-1);
    }
    /*2 准备地址*/
    struct sockaddr_in addr;
    addr.sin_family = AF_INET;
    addr.sin_port = htons(PORT);
    /*修改为服务器所在主机IP地址*/
    inet_aton( " 127.0.0.1 " , &addr.sin_addr);
    /*3 连接*/
    int res = connect(sockfd,  (struct sockaddr *)&addr,  sizeof(addr));
    if(res == -1)
    {
        perror( " bind failed " );
        exit(-1);
    }
    /*4 收发数据*/
    char *str = "你好服务器";
    write(sockfd, str, strlen(str));
    char buf[100] = {0};
    read(sockfd, buf, sizeof(buf));
    printf( " 服务器说:%s\n " , buf);
    /*5 关闭*/
    close(sockfd);
    return 0;
}
```

程序运行效果如图 12-5 所示。

图 12-5　基于 TCP 的网络通信运行结果

12.3.3　基于 UDP 的网络编程

　　UDP 是一个无连接协议，在网络交互过程中，不保持连接，只在发送数据时连接。缺点是不能保证数据的完整性和顺序性，优点是资源消耗少。例如，写信寄信、QQ 视频、视频会议等都应用了 UDP 协议。接下来介绍基于 UDP 协议的网络编程步骤。

　　服务器端编程步骤：

　　（1）创建套接字 socket。

　　（2）准备地址。

　　（3）绑定套接字 bind。

　　（4）收发数据 recvfrom sendto。

　　（5）关闭套接字。

　　客户端编程步骤：

　　（1）创建套接字。

　　（2）准备地址。

　　（3）收发数据 recvfrom sendto。

　　（4）关闭套接字。

　　例 12-4　基于 UDP 的网络编程。

udp_server.c 服务器端程序：

```c
#include <stdio.h>
#include <stdlib.h>
#include <string.h>
#include <sys/types.h>
#include <sys/socket.h>
#include <netinet/in.h>
#include <arpa/inet.h>
int main()
{
    /*1 创建套接字*/
    int sd = socket(AF_INET, SOCK_DGRAM, 0);
    if(sd == -1)
    {
        perror( " socket failed " );
        exit(-1);
    }
    /*2 准备地址*/
    struct sockaddr_in addr;
    /*从&addr开始的sizeof(addr)个字节清空成0*/
    memset(&addr, 0, sizeof(addr));
    addr.sin_family = AF_INET;
    addr.sin_port   = htons(8888);
```

```
addr.sin_addr.s_addr = inet_addr( " 127.0.0.1 " );
/*3 绑定*/
int res = bind(sd, (struct sockaddr *)&addr,  sizeof(addr));
if(res == -1)
{
    perror( " bind failed " );
    exit(-1);
}
/*4 通信*/
while(1)
{
    struct sockaddr_in fromaddr;
    int len = sizeof(fromaddr);
    memset(&fromaddr, 0, sizeof(fromaddr));
    char buf[100] = {0};
    recvfrom(sd, buf, sizeof(buf), 0, (struct sockaddr *)&fromaddr, &len);
    printf("从客户端%s接收到数据:%s\n", inet_ntoa(fromaddr.sin_addr), buf);
    char *str = "欢迎光临";
        sendto(sd, str, strlen(str), 0, (struct sockaddr *) &fromaddr,
sizeof(fromaddr));
    }
        close(sd);
        return 0;
}
```

udp_client.c 客户端程序：

```
#include <stdio.h>
#include <stdlib.h>
#include <string.h>
#include <sys/types.h>
#include <sys/socket.h>
#include <netinet/in.h>
#include <arpa/inet.h>

int main()
{
    /*1 创建套接字*/
intsd = socket(AF_INET, SOCK_DGRAM, 0);
    if(sd == -1)
    {
perror("socket failed");
        exit(-1);
    }
```

```
        /*2 准备地址*/
structsockaddr_inaddr;
        /*从&addr开始的sizeof(addr)个字节清空成0*/
memset(&addr, 0, sizeof(addr));
addr.sin_family = AF_INET;
addr.sin_port   = htons(8888);
addr.sin_addr.s_addr = inet_addr("127.0.0.1");

        /*3 通信*/
        char *str = "你好,我是客户端!\n";
sendto(sd, str, strlen(str), 0,
            (structsockaddr *)&addr,
sizeof(addr));
        char buf[100] = {};
intlen = sizeof(addr);
recvfrom(sd,buf, sizeof(buf), 0,
            (structsockaddr *) &addr,
&len);
printf("服务器说:%s\n", buf);

        close(sd);
        return 0;

}
```

程序运行结果如图 12-6 所示。

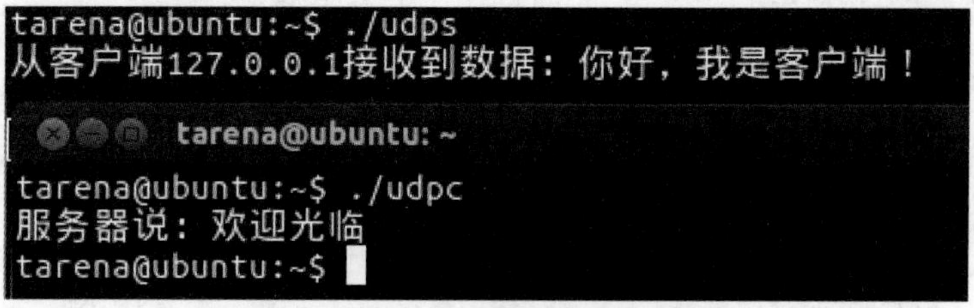

图 12-6　基于 UDP 的网络通信运行结果

12.4　守护进程

12.4.1　守护进程概念

　　常见程序由控制台或者远程终端启动和运行，当控制台注销或者远程终端关闭时，该程序也会被注销掉，而且某些重要应用程序总不能每次都需要管理员登录后手动执行，而是需要随着机器的启动而自动运行，这时就需要守护进程了。

　　一般称守护进程为 Daemon 进程，从 ps 命令中可以看到，守护进程一般是以字母 d 结尾，例如：

```
[root@localhost code]# ps -x|grep d$
 1060 ?        S       0:00 /usr/sbin/sshd
 1074 ?        S       0:00 xinetd -stayalive -reuse -pidfile /var/run/xinetd.pid
 1123 ?        S       0:00 crond
11765 ?        S       0:00 /usr/sbin/sshd
14148 ?        S       0:00 cupsd
```

其中的 crond 日程安排、sshd ssh 服务的守护进程都属于守护进程。

守护进程的特点：

● 可以后台运行。

● 不受当前运行终端影响。

● 可以以服务的方式随系统启动而运行，无须干预。

除了以上三点以外，守护进程和普通进程相同，只不过是通过一些技术手段使普通进程具有以上优点。

12.4.2 守护进程的编写要点

（1）调用 fork() 函数。

【表头文件】

```
#include <sys/types.h>
#include <unistd.h>
```

调用 fork() 函数产生子进程，frok(函数) 的返回值如果为 -1 表示调用不成功，父进程的返回值为子进程的 PID 号，子进程的返回值为 0，如果发生错误则返回错误值会被存储在 errno 中，fork 的错误值见表 12-2。

表 12-2　fork 的错误值

错误位	说　明
EAGAIN	进程数到达上限
ENOMEM	内存不足

这里使用 fork 后，父进程主动退出，让子进程成为 init 的子进程（当然 init 进程是所有进程的父进程）。

（2）使用 setsid() 函数创建一个新的进程会话和进程组 ID。

【表头文件】

```
#include <unistd.h>
```

一般启动一个进程，该进程会自己创建一个进程组和自己的进程号 ID，当然此时只有一个进程，该进程的 ID 就是该进程组的 ID，前面使用了 fork 创建了该进程的子进程，则子进程和父进程同属一个进程组，进程组 ID 依旧是父进程的 ID，子进程的 ID 是新建的，在 fork 以后父进程主动退出，这时该进程组 ID 依旧是已经退出的父进程 ID，使用 setsid() 函数后就会创建一个以该子进程 ID 为进程组 ID 的新的会话，从而脱离原来的控制终端。

（3）关闭标准输入、标准输出和标准错误等一切文件描述符。

```
for (i = 0, fdtablesize = getdtablesize();  i < fdtablesize; i++)    close(fd);
```

　　因为守护进程已经从父进程那里继承了一切环境，当然包括很多已经打开的文件，还包括系统自带的标准输入、标准输出、标准错误等，所以这些必须 close 掉，否则会出现很多错误。

　　这里使用 getdtablesize() 函数获取描述符表的大小，返回值是该进程所打开所有描述符的数量。

　　（4）将当前目录变成根目录 chdir(“/”)。

【表头文件】

```
#include <unistd.h>
```

　　当前子进程继承了父进程所处的目录，一般会把该进程目录变为根目录，这样可防止因为守护进程的启动，造成所处目录无法卸载或者其他状况。

　　（5）使用 umask 重置文件权限掩码。

【表头文件】

```
#include <sys/types.h>
#include <sys/stat.h>
```

　　在某些情况下，守护进程启动时会从父进程中继承某些非正常的文件权限掩码，这里使用 umask(0) 重置守护进程的文件权限掩码设置，以保证用户界面的友好。

　　（6）对于僵进程的处理。

　　当父进程没有等待子进程结束时会出现这种僵进程问题，子进程会变成其他资源都释放完毕，仅占用进程号的僵进程，进程号有限，如果持续占用系统将无法正常运转。对于支持 POSIX 标准的系统可以直接采用 signal(SIGCHLD，SIG_IGN); 信号量。

　　可使用 signal() 函数将 SIGCHLD 信号设置为 SIG_IGN，通知内核当子进程结束后内核将资源回收并且忽略子进程结束或者终止信号。

　　如果系统不支持 POSIX 标准，就需要自己编写 wait 处理函数。

　　例 12-5　守护进程的程序演示。

```
/*程序文件:ch12-5.c */
#include <stdio.h>
#include <stdlib.h>
#include <string.h>
#include <fcntl.h>
#include <sys/types.h>
#include <unistd.h>
#include <sys/wait.h>
#include <time.h>
int main()
{
        pid_t pc;
        time_t lt;
        int i,fd,len,fdtablesize;
        char *buf;

        pc=fork();
        if(pc<0){
                        printf( " error fork\n " );
```

```
                                    exit(1);
                            }else if(pc>0){
                                    exit(0);
                                    }

        setsid();
        chdir( " / " );
        umask(0);
      for (i = 0, fdtablesize = getdtablesize();  i < fdtablesize; i++)
close(fd);
        while(1){
                lt=time(NULL);
                buf=asctime(localtime(&lt));
                len=strlen(buf);
                fd=open( " /tmp/daemon.log " ,O_CREAT|O_WRONLY|O_APPEND,0600);
                    write(fd,buf,len+1);
                    close(fd);
                    sleep(5);
                    }
        }
```

程序说明：

1 ~ 8 行 引用相关头文件。

12 ~ 15 行 定义相关变量。

17 ~ 23 行 fork(); 子进程，并判断自己是在子进程 fork=0，还是在父进程 fork>0，还是 fork 出现错误 fork<0。

25 行 创建一个新的进程会话和进程组 ID。

26 行 将当前目录变成根目录。

27 行 重置文件权限掩码。

28 行 关闭标准输入、标准输出和标准错误等一切文件描述符。

32 行 获取当前 UNIX 标准时间。

33 行 转换为本地时间格式。

36 行 打开或创建一个文件。

37 行 写数据。

38 行 关闭文件描述符。

39 行 暂停 5 秒。

执行过程如下：

```
[root@localhost 1]# gcc -o 11.3.1 11.3.1.c
[root@localhost 1]# ./11.3.1
[root@localhost 1]# tail -f /tmp/daemon.log
Tue Mar 20 14:37:50 2012
Tue Mar 20 14:37:55 2012
Tue Mar 20 14:38:00 2012
Tue Mar 20 14:38:05 2012
Tue Mar 20 14:38:10 2012
……每隔10秒钟会新写入一行.
```

退出一次后查看进程：

```
[root@localhost root]# ps -eaf|grep 11.3.1
root       7981      1  0 10:42 ?        00:00:00 ./11.3.1
root       8026   7985  0 10:42 pts/1    00:00:00 grep 11.3.1
[root@localhost root]#
```

（7）使用系统提供的 daemon() 函数直接创建守护程序。

【表头文件】

```
#include <unistd.h>
```

【函数原型】

```
int daemon(int nochdir, int noclose);
```

参数说明：

int nochdir：如果是非零数 daemon() 就会将当前目录重定向到 / 根目录。

int noclose：如果是非零数 daemon() 就会将当前的基本输入输出重定向到 /dev/null.。

返回值：如果返回值为 0，表示执行成功。

例 12-6 守护进程示例程序。

```
/*程序文件ch12-6.c */
#include <stdio.h>
#include <stdlib.h>
#include <string.h>
#include <fcntl.h>
#include <sys/types.h>
#include <unistd.h>
#include <sys/wait.h>
#include <time.h>
int main()
{
        pid_t pc;
        time_t lt;
        int i,fd,len,fdtablesize;
        char *buf;
        daemon(1,1);
        while(1){
                lt=time(NULL);
                buf=asctime(localtime(&lt));
                len=strlen(buf);
                fd=open( " /tmp/daemon.log " ,O_CREAT|O_WRONLY|O_APPEND,0600);
                        write(fd,buf,len+1);
                        close(fd);
                        sleep(5);
                        }
}
```

执行结果如下：

```
[root@localhost 11.3]# gcc -o 11.3.2 11.3.2.c
[root@localhost 11.3]# ll
总用量 56
-rwxr-xr-x    1 root      root          13145  3月 29 10:42 11.3.1
-rw-r--r--    1 root      root           1012  3月 29 10:40 11.3.1.c
-rwxr-xr-x    1 root      root          12404  3月 29 11:05 11.3.2
-rw-r--r--    1 root      root            617  3月 29 10:58 11.3.2.c
-rwxr-xr-x    1 root      root          12404  3月 29 10:58 a.out
[root@localhost 11.3]# ./11.3.2
[root@localhost 11.3]# ps -eaf|grep 11.3
root       8192       1  0 11:05 ?          00:00:00 ./11.3.2
root       8196    8085  0 11:06 pts/0      00:00:00 grep 11.3
[root@localhost 11.3]#
```

12.5　多客户通信

上面提到的程序在运行阶段一次只能处理一个请求，如果处理时间略长就会影响下一位用户的请求，因此有必要考虑多用户情况下如何有效满足多客户通信请求。

几种常用处理并发请求的方式：

（1）多进程方式，采用 fork 函数，服务器端每次使用 accept 函数接受一个客户端请求链接，就应当使用 fork 函数创建出一个新的进程来处理该连接。主进程继续 accept(); 等待新的连接，子进程处理完任务后 exit(); 缺点是进程间通信非常复杂。

（2）单进程函数调用，采用 select(); 进行单进程多路复用实现非阻塞套接字，至于其他同类函数，如 poll 和 epoll 在这里不做讨论。.

（3）多线程方式，使用创建线程的方式，每当 accept(); 一个新的连接，就创建一个线程，优势在于处理性能高于多进程方式，缺点在于编程复杂度高。使用 fork(); 函数调用来创建多客户网络通信程序。

（4）fork(); 函数调用。

【表头文件】

```
#include <sys/types.h>
#include <unistd.h>
```

调用 fork() 函数产生子进程，fork(函数) 的返回值如果为 -1 表示调用不成功，父进程的返回值为子进程的 PID 号，子进程的返回值为 0。

通过一个例子来展示如何使用 fork(); 创建多客户网络应用程序，该程序由客户端向服务器端连接，每连入一个客户端就 fork 出一个新的进程去完成客户端赋予的任务（这里由客户端向服务器发送一个字符，然后在服务器的屏幕上打印，类似一个简单的聊天室）。

还要注意一下，使用 fork(); 出子进程时，当父进程没有等待子进程结束时会出现这种僵进程问题，子进程会变成其他资源都释放完毕，仅占用进程号的僵进程，进程号有限，如果持续占用系统将无法正常运转，在本程序中采用的是 waitpid(); 来让父进程等子进程结束。

（5）waitpid(); 函数调用。

【表头文件】

```
#include <sys/types.h>
#include <sys/wait.h>
```

【函数原型】

```
pid_t waitpid(pid_t pid, int *status, int options);
```

该函数主要功能就是等待指定的 pid 结束。

参数说明：

pid_t pid：pid 值的说明见表 12-3。

表 12-3　pid 值的说明

值	说　明
pid<-1	等待指定进程组的任意一个子进程退出，进程组 ID 等于 pid 的绝对值
pid=-1	等待任意一个子进程退出
pid=0	等待任意一个组进程 ID 等于调用进程的子进程退出
pid>0	等待进程 ID 等于 pid 的进程退出

int options：options 值的说明见表 12-4。

表 12-4　options 值的说明

值	说　明
WNOHANG	如果没有子进程退出就立即返回
WUNTRACED	如果子进程被停止且没有状态报告就立即返回

例 12-7　多客户通信示例程序。

```
/*程序文件:ch12-7.c */
#include <stdio.h>
#include <sys/types.h>
#include <sys/socket.h>
#include <netinet/in.h>
void error(char *msg)
{
    perror(msg);
    exit(1);
}
int main(int argc, char *argv[])
{
    int pid,sockfd, newsockfd, portno, clilen;
    char buffer[256];
    struct sockaddr_in serv_addr, cli_addr;
    int n;
    if (argc < 2) {
        fprintf(stderr, " 请提供端口号\n " );
        exit(1);
    }
```

```
        sockfd = socket(AF_INET, SOCK_STREAM, 0);
        if (sockfd < 0)
            error( "套接字生成错误" );
        bzero((char *) &serv_addr, sizeof(serv_addr));
        portno = atoi(argv[1]);
        serv_addr.sin_family = AF_INET;
        serv_addr.sin_addr.s_addr = INADDR_ANY;
        serv_addr.sin_port = htons(portno);
        if (bind(sockfd, (struct sockaddr *) &serv_addr,
                sizeof(serv_addr)) < 0)
                printf ( " 套接字绑定错误 " );
        listen(sockfd,5);
        bzero(buffer,256);
    /*开始循环服务*/
    for (;;){
                    //等待连接
                    clilen = sizeof(cli_addr);
            newsockfd = accept(sockfd, (struct sockaddr *) &cli_addr, &clilen);
            if (newsockfd < 0)
            error( " 建立连接错误 " );
            //生成一个新的服务器请求;
            if((pid = fork())<0)
                            //生成的套接字有问题,重新继续accept;
                            {
                                    close(newsockfd);
                                    continue;
                            } else if (pid>0){
                                    //这里主进程等待子进程退出
                                if(waitpid(pid,NULL,0)!=pid ) printf( " waitpid error\n " );
                                        close(newsockfd);
                                        continue;
                }
                    //进入子进程状态
                    close(sockfd);
            read(newsockfd,buffer,255);
            printf( " 发过来的信息是: %s\n " ,buffer);
            close(newsockfd);
            exit(0);
                //正常退出
        }
        return 0;
    }
```

程序说明:

1 ~ 4 行 引用头文件。

6 ~ 10 行 设定错误处理函数。

14 ~ 17 行 设定相关变量。

22 行 建立套接字生成套接字描述符。

23 ~ 24 行 判断是否出错。

30 行 绑定套接字。

33 行 侦听套接字。

36 行 建立一个循环体。

39 行 开始接受连接。

43 行 fork 子进程。

44 行 如果子进程创建失败则返回 accept 等待下一次连接。

49 行 pid>0 表示现在在主进程中并获取了子进程的 pid。

50 行 等待子进程退出，防止出现僵进程。

55 行 进入子进程状态。

57 ～ 58 行 处理程序逻辑。

60 行退出。

整个程序执行的顺序是，socket(); 建立连接，bind(); 绑定连接后开始侦听 listen();. 创建一个 for 循环，使得 accept(); 始终处于接受连接状态，再通过 fork() 函数创建出的子进程处理客户端请求。在处理完毕后使用 exit(0); 正常退出，而父进程由 fork() 得到子进程的 pid 后使用 waitpid，保证不产生僵进程。

在机器 A 中：

```
[root@localhost 11.4]# vi 11.4.1.c
[root@localhost 11.4]# gcc -o 11.4.1 11.4.1.c
[root@localhost 11.4]# ./11.4.1 23
```

发过来的信息是：s

… … … …
#这里按住Ctrl+C组合键退出

在机器 B 中：
因为是 TCP 协议，所以就直接用 telnet 调试,telnet 192.168.1.1 23。
输入任意键内容，服务器端会回显内容。
下面显示了使用 pstree 命令所能看到的 3 个子进程。

```
[root@localhost root]# pstree
init-+-apmd
    … … … … … …
    |-portmap
    |-rpc.statd
    |-2*[sendmail]
    |-sshd-+-sshd---bash---11.4.1---3*[11.4.1]
    |      `-sshd---bash---pstree
    |-syslogd
    |-xfs
    `-xinetd
[root@localhost root]#
```

12.6　小结

本章主要介绍了 TCP/IP 模型以及各层用到的协议，在此基础上介绍了大端模式和小端模式，进而说明网络字节序和主机字节序的概念，最后介绍了 Linux 下的套接字编程步骤，详细讲解了网络编程中涉及的 API 函数及作用，并以面向连接的数据流套接字和无连接的数据报套接字为例给出了详细的例题代码。

◇◇ 习 题 ◇◇

一、填空题

1. OSI 参考模型共_____层，TCP/IP 协议参考模型共_____层，它们分别是_____、_____、_____和_____。

2. 互联网中的世界语是_____。

3. 数据在内存中的存储方式有两种，分别是大端模式和小端模式，大端模式是指_____；小端模式是指_____。

4. 在 socket 编程中，可靠的面向连接服务的套接字称为_____；面向无连接服务，数据通过相互独立的报文进行传输的套接字称为_____。

5. 现在网络上绝大多数的通信应用程序都采用_____模式。

6. 目前的 IP 地址由_____个字节组成。IP 协议定义了 4 种主要地址类，分别是_____、_____、_____、_____。

7. 地址 166.111.100.6 属于_____类地址。

8. 在数据报套接字上发送和接收数据使用的函数是_____和_____。

9. 一个整数 5678，在小端模式下内存中的存放方式是_____；在大端模式下内存中的存放方式是_____。

10. 实现主机字节序和网络字节序之间转换的函数主要有 4 个，它们分别是_____、_____、_____和_____。

二、选择题

1. 下列_____协议不属于应用层。

(A) HTTP   (B) UDP   (C)DNS   (D) FTP

2. 只用于同一主机内部进程间通信的 socket 应使用的协议族是_____。

(A) AF_INET   (B) AF_UNIX   (C) AF_NS   (D) AF_IMPLINK

3. 路由器是根据_____的信息为数据包选择路由。

(A) 物理层   (B) 数据链路层   (C) 网络层   (D) 传输层

4. 以下关于 socket 的描述，错误的是_____。

(A) 是一种文件描述符   (B) 是一个编程接口

(C) 仅限于 TCP/IP   (D) 可用于一台主机内部不同进程间的通信

5. 为了解决在不同体系结构的主机之间进行数据传递可能会造成歧义的问题，以下_____函数常常用来在发送端和接收端对双字节或四字节数据类型进行字节序转换。

(A) htons()/htonl()/ntohs()/ntohl()

(B) inet_addr()/inet_aton()/inet_...

(C) gethostbyname()/gethostbyaddr()

(D) (struct sockaddr *)&(struct sockaddr_in 类型参数)

三、上机题

1. 编写一个程序判断当前平台的字节序属于大端模式还是小端模式。

2. 编写一个基于 TCP 的客户端 / 服务器端程序，其中客户端使用流套接字向服务器请求日期和时间，服务器在收到请求后，回答请求并显示客户端地址。

第 13 章

Linux
驱动程序和
嵌入式基础

Linux 对硬件的支持非常广泛，但其毕竟不属于商用系统，因此厂商对硬件驱动的支持较少。目前大多数驱动程序还是自由开发者编写，对于新的硬件，或者种类稀少的硬件可能需要用户自己编写驱动，目前日益增长的嵌入式平台应用也需要基于 Linux 平台进行编写驱动相关工作。驱动程序功能和翻译相似，把操作系统的指令翻译传递给硬件去具体执行。如果硬件非常特别，造成操作系统又找不到合适的自带驱动程序去驱动该硬件，那么该硬件就无法正常工作。这时就需要考虑手工编写并安装驱动。

Linux 设备驱动程序的特点如下。

（1）驱动是内核代码的一部分，如果驱动工作不稳定，就会引起操作系统的崩溃。

（2）驱动是操作系统内核的一部分，但在一般情况下除了巨内核系统以外，大都采用动态可加载方式管理驱动程序。

由于本书编写的目的在于介绍 Linux 操作系统环境下的 C 语言程序设计方法，因此本章将不会深入讲解，仅是简单介绍一下 Linux 驱动程序以及其作为嵌入式编程时的相关基本知识，感兴趣的读者可参考其他相关书籍，进一步学习。

13.1 Linux 驱动程序与嵌入式开发的基础知识

近年来，随着计算机技术、通信技术和互联网技术的飞速发展以及多网融合的趋势，嵌入式产品逐渐成为信息产业的主流。而 Linux 系统从 1991 年问世到现在，短短的十几年时间已经发展成为功能强大、设计完善的操作系统之一，并可运行在 x86、Alpha、Sparc、MIPS、PPC、Motorola、NEC、ARM 等多种硬件平台上，同时由于它具有开放源代码和可以定制的特点，成为嵌入式开发中的一种主流操作系统。而在 Linux 的嵌入式开发中，关于 Linux 驱动程序的开发成为其嵌入式开发的主流任务之一。一般嵌入式系统的结构如图 13-1 所示。

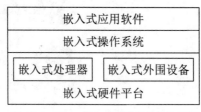

图 13-1　Linux 嵌入式系统的结构示意图

13.1.1 嵌入式 Linux 的特点

嵌入式系统是以应用为中心的，且对其应用成本和硬件资源均要求较低，因此其软硬件可实现适当的裁剪，适用于对功能、可靠性、成本、功耗要求严格的专用计算机系统。同时其还具有代码小、速度快、可靠性高等特点。嵌入式 Linux（Embedded Linux）是指对 Linux 经过裁剪小型化后，可固化在存储器或单片机中，应用于特定嵌入式场合的专用 Linux 操作系统。嵌入式 Linux 一般具有以下主要特点。

（1）Linux 系统是层次结构且内核完全开放。

Linux 是由很多体积小且性能高的微内核系统组成的。在内核代码完全开放的前提下，不同领域和不同层次的用户可以根据自己的应用需要方便地对内核进行改造，低成本地设计和开发出满足自身需要的嵌入式系统。

（2）具有强大的网络支持功能。

Linux 可以支持目前所有标准因特网协议，因此利用 Linux 的网络协议栈可将其开发成为嵌入式的 TCP/IP 网络协议栈。此外，Linux 还支持 EXT2、FAT16、FAT32、ROMFS 等文件系统，为开发嵌入式系统应用打下了良好基础。

（3）具有专用的开发工具。

Linux 的嵌入式开发需要具备一整套工具链，包括自行建立的嵌入式系统的开发环境和交叉运行环境。同时由于 Linux 开发基于 IEEE POSIX.1 标准，因此使应用程序具有较好的可移植性。

（4）广泛的硬件支持特性。

Linux 可支持无论是 RISC 还是 CISC、32 位还是 64 位等多种处理器。虽然 Linux 通常使用的微处理器是 Intel x86 芯片家族，但它同样能运行于 Motorola 公司的 68K 系列 CPU 和 IBM、Apple、Motorola 公司的 PowerPC CPU 以及 Intel 公司的 StrongARM CPU 等处理器。由于 Linux 可支持各种主流硬件设备和最新硬件技术，甚至可以在没有存储管理单元（MMU）的处理器上运行，因此嵌入式 Linux 将具有更广泛的应用前景。

13.1.2　嵌入式 Linux 的系统开发平台

嵌入式 Linux 系统开发平台分为软件操作平台和系统硬件平台。

1. 软件操作平台

由于 Linux 可提供完成嵌入功能的基本内核和所需要的所有用户界面，能处理嵌入式任务和用户界面，因此 Linux 作为嵌入式操作系统是完全可行的。同时由于它对许多 CPU 和硬件平台都是易移植、稳定、功能强大、易于开发的，因此越来越受到广大开发者的欢迎。

嵌入式操作系统通常包含以下三个基本要素。

● 系统引导工具（用于机器加电后的系统定位引导）。

● Linux 微内核（内存管理、程序管理）、初始化进程。

● 硬件驱动程序、硬件接口程序和应用程序组。

2. 系统硬件平台

目前嵌入式系统比较流行的硬件平台有 Intel 公司的 StrongARM 系列，Motorola 公司的 DragonBall 系列，NEC 公司的 VR 系列，Hitachi 公司的 SH3、SH4 系列等。选定硬件平台前，首先要确定系统的应用功能和所需要的速度，并制定好外接设备和接口标准。这样才能准确地定位所需要的硬件方案，得到性价比最高的系统。如果要选择嵌入式软件系统，那么，应首先确定硬件平台，即确定微处理器 CPU 的型号。

13.1.3　嵌入式 Linux 开发的一般流程

嵌入式 Linux 开发由于受到资源的限制，在其硬件平台上直接编写软件是比较困难的，因此一般采用的办法是：首先在通用计算机上编写程序，然后通过交叉编译，生成目标平台上可运行的二进制代码格式，最后下载到目标平台上的特定位置上运行，一般流程如下。

1. 建立嵌入式 Linux 交叉开发环境

目前，常用的交叉开发环境主要有开源和商业两种类型。开放的交叉开发环境的典型代表是 GNU 工具链，目前已经能够支持 x86、ARM、MIPS、PowerPC 等多种处理器；而商业的交叉开发环境主要有 Metrowerks CodeWarrior、ARM Software Development Toolkit、SDS Cross compiler、WindRiver Tornado、

Microsoft Embedded Visual C++ 等。交叉开发环境是指编译、链接和调试嵌入式应用软件的环境，它与运行嵌入式应用软件的环境有所不同，通常采用宿主机/目标机模式。

2. 建立交叉编译和链接

在完成嵌入式软件的编码之后，就要进行编译和链接，以生成可执行代码。由于开发过程大多是在 Intel 公司 x86 系列 CPU 的通用计算机上进行的，而目标环境的处理器芯片却大多为 ARM、MIPS、PowerPC、DragonBall 等系列的微处理器，这就要求在建立好的交叉开发环境中进行交叉编译和链接。

3. 交叉调试

Linux 嵌入式开发的交叉调试通常包括硬件调试和软件调试。其中对于硬件调试可采用在线仿真器，也可以让 CPU 直接在其内部实现调试功能，并通过在开发板上引出的调试端口，发送调试命令和接收调试信息，完成调试过程。而软件调试，则可以首先在 Linux 内核中设置一个调试桩（debug stub），用作调试过程中和宿主机之间的通信服务器。然后，可以在宿主机中通过调试器的串口与调试桩进行通信，并通过调试器控制目标机上 Linux 内核的运行。

4. 系统测试

嵌入式系统的硬件一般采用专门的测试仪器进行测试，而软件则需要有相关的测试技术和测试工具的支持，并要采用特定的测试策略。嵌入式软件测试中经常用到的测试工具主要有：内存分析工具、性能分析工具、覆盖分析工具、缺陷跟踪工具等，在这里不再加以详述。

Linux 嵌入式开发的一般流程如图 13-2 所示。

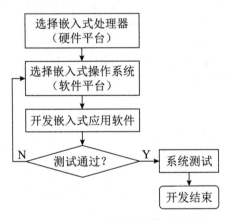

图 13-2 Linux 嵌入式开发的一般流程

13.1.4 嵌入式 Linux 驱动程序

嵌入式系统已成为当今计算机领域的一个亮点。从技术角度来看，嵌入式系统是软件和硬件的有机结合体。在嵌入式领域，通过对 Linux 进行小型化裁剪后，使其能够固化在容量只有几十兆字节的存储器芯片或单片机中，成为应用于特定场合的嵌入式 Linux 系统。在这个过程中，Linux 嵌入式系统的驱动程序开发不但要考虑软件的设计，更要结合有限的硬件资源特征进行高性价比的开发。

通常，Linux 驱动程序有两种加载方式：一种是静态地编译进内核，内核启动时自动加载；另一种是编写为内核模块，使用 insmod 命令将模块动态加载到正在运行的内核，不需要时可用 rmmod 命令将模块卸载。例如 Linux 2.6 内核引入了 kbuild 机制，将外部内核模块的编译同内核源码树的编译统一起来，大大简化了特定的参数和宏的设置。在开发嵌入式系统驱动时，常常将驱动程序编写为内核模块，以方便开发和调试。调试完毕后，就可以将驱动模块编译进内核，并重新编译出支持特定物理设备的 Linux 内核。以网络驱动程序为例，Linux 网络协议栈中各个层次之间的数据传送都是通过套接字缓冲区 sk_buff 完成的，sk_buff 数据结构是各层协议数据处理的对象。sk_buff 是驱动程序与网络之间交换数据的媒介，驱动程序向网络发送数据时，必须从其中获取数据源和数据长度；驱动程序从网络上接收到数据后要将数据保存到 sk_buff 中才能交给上层协议处理。因此实际开发以太网驱动程序时，可以参照内核源码树中的相应模板程序，重点理解网络驱动的实现原理和程序的结构框架，然后针对开发的特定硬件改写代码，实现相应的操作函数。

13.2　Linux 驱动程序与嵌入式开发中的注意问题

13.2.1　Linux 的内存空间划分

在 Linux 的内存管理中，会把系统目前所用内存（逻辑内存）隔离为两个区域——用户空间和内核空间。用户空间，是指用户应用程序所运行的内存空间，该空间由操作系统划出。内核空间，指内存划出的供操作系统运行和为用户提供服务的区域。

空间分离的主要目的在于防止操作系统的正常运行被干扰、操作系统运行时被恶意修改破坏，从而引起操作系统的崩溃。

当程序执行系统调用进入内核代码中，例如前面提到的 socket() 函数调用执行完毕环境检测后就会进入内核空间执行功能性任务，在内核空间或者又称内核态中 CPU 是可以执行任何代码的，而在用户空间中，受安全性限制，进程不能访问内核空间。

CPU 所能访问的地址都是经过 MMU 内存管理单元所映射出的虚拟地址，MMU 管理着物理内存到虚拟内存的映射任务。CPU 需要经过 MMU 将虚拟地址转换为物理地址才能对物理地址进行操作。

13.2.2　Linux 的内存管理和 IO 寻址

在操作系统中运行的应用程序，每一个进程都有自己的一个独立内存区域，在该区域内没有其他程序可以干扰，进程会认为自己是该系统上唯一运行的应用程序，该内存区域叫作虚拟内存，而这些虚拟内存是映射至实际的物理内存上的，连续的虚拟内存空间在映射到物理内存时可能并不完整。

这里还涉及一个处理器字长问题，现代处理器有 32 位或 64 位，那么所能处理的就是 2 的 32 次方或者 64 次方，32 位机可寻址范围一般为 4GB。

在 Linux 中的虚拟内存一般为 4GB，其中用户空间为 0 ~ 3GB，在 0x86 体系中 PAGE_OFFSET 被设置为 0xc0000000，剩下的 1GB 为内核空间，虚拟空间之间相互隔离，不可见。

外设与进程通信是通过读写设备上的寄存器实现的，外设也被称作 I/O 端口，通过操作这些端口，就可以操纵外设的运行。

外部设备有两种编址方式——统一编址和独立编址。统一编址就是将内存划出一个区域，该区域内的每一个内存单元映射到对应设备的寄存器上，操作这些内存单元就相当于直接操作设备，优点是方便编程，缺点是会浪费部分内存空间。独立编址，就是 I/O 拥有独立的地址，内存地址和 I/O 地址并不重叠，通过各自的指令访问指定的设备，这些地址就叫作 I/O 端口。有关内存页管理、内存区域管理和非连续内存区域管理，可参考《Linux 系统分析与高级编程技术》一书。

13.2.3 Linux 的时基问题

时基就是一种由嵌入式系统内原件提供的标准振荡信号，可以用其瞬时值提供计时标准的时间基准信号。

时基的主要功能有两个：
①为位计数器和定时器提供基准信号。
②为中断系统提供计时保证。
在嵌入式系统中，定时器依靠时基提供的频率信号完成长时间计数。

13.3　Linux 驱动程序和嵌入式开发的设备类型

Linux 一般将设备分为两类，即块设备和字符设备，这些设备的驱动都统一常驻在内核中，作为所有应用程序共用的基础代码段，为应用程序提供硬件通信的翻译服务。

一般来说，用户或者程序员是无须编写设备驱动程序的，所有的驱动都会放在内核中，以便对应用程序提供服务。在编译内核时，可以选择编译成模块，在使用时动态加载上去，或者直接编译到内核中，区别在于如果该模块并不常用的话，就会浪费内核的宝贵资源。常用设备文件如表 13-1 所示。

表 13-1　常用设备类型

设备文件	类　型	说　明
/dev/fd0	块设备	第一个软驱
/dev/hda	块设备	第一个 IDE 驱动器
/dev/ttyp0	字符设备	终端
/dev/console	字符设备	控制台
/dev/lp1	字符设备	并口打印机
/dev/ttyS0	字符设备	第一个串口
/dev/null	字符设备	空设备

设备文件的创建无须用户参与，不需要用户自己手工在 /dev 下创建设备文件，系统会自动生成，在系统启动时，会扫描机器上所接入的硬件，然后自动在 /dev 下生成该硬件对应的设备文件(前提是操作系统内核能够找到这个硬件的驱动)。

Linux 设备驱动属于内核的一部分，常见驱动被制作成模块，由内核管理加载和卸载工作，Linux 内核模块可以以两种方式被编译和加载：

（1）直接编译进 Linux 内核，随同 Linux 启动时加载。

（2）编译成一个可加载和删除的模块，使用 insmod 加载模块（modprobe 和 insmod 命令类似，但依赖于相关的配置文件），rmmod 删除模块。这种方式控制了内核的大小，而模块一旦被插入内核，它就和内核其他部分一样。

内核模块的编程和常见的 C 语言编程存在着区别，由于内核模块是依靠 insmod 和 rmmod 两条命令加载和卸载的，所以在程序中需要使用 init_module 为入口，cleanup_module 为卸载出口。

13.3.1 字符设备特点

字符设备是指可以当作字节流进行处理的设备，存取字符设备和常见的其他文件相同，在字符设备上可以使用 open();read();write();close(); 等系统调用函数，这些字符设备可以当作文件来操作，例如终端 tty 或打印机等。

字符设备和普通文件的区别：字符设备只能顺序读取。虽然有些可以做到“随机”读取，但是存在时延问题，比如磁带机。普通文件可以进行随机读取，比如 lseek() 等。

13.3.2 块设备特点

块设备的概念同字符设备一样，块设备也是可以通过文件描述符来进行操作的，最大的区别在于，块设备可以进行随机读取，每次返回的数据时延都相同。块设备一般是指大数据量存储设备，常见的有硬盘、DVD 驱动器等。有关块设备驱动的控制、原理分析和 I/O 操作等，可参考《Linux 系统分析与高级编程技术》一书。

13.4 Linux 嵌入式开发的应用特点

Linux 和其他商用操作系统最大的区别在于，源代码开放，且整个操作系统层次结构分明，能够让使用者根据自己的需要对整个操作系统的功能和外围程序进行裁剪和修补，甚至于二次开发，唯一需要注意是代码的版权问题。

嵌入式 Linux 是将 Linux 系统进行裁剪后的微型系统，由于支持硬件广泛，现已应用到移动电话、媒体播放器、电饭煲、电冰箱等生活周边的电子类产品中。如今，Linux 嵌入式的市场正逐步扩大，在所有的嵌入式开发平台中成本最低，而且支持硬件最多，应用软件丰富，尤其是继承了几乎所有的 UNIX 软件，随着用户群的壮大，未来前景发展很广阔。

13.4.1 常用的调试方法

在 Linux 编程中，常用的调试方式是在关键处打印出当前变量值来推测应用程序是否按照预想的状态运行，这种方式仅适合于简单程序的开发，对于复杂程序，Linux 提供了 GDB 命令行调试工具，来协助排错。其主要功能有：

- ●设置断点。
- ●检测断点变量。
- ●单步跟踪。
- ●支持网络远程调试。

还可以采用 Linux Trace Toolkit(LTT) 进行系统跟踪，支持从内核直接监视需要跟踪的进程并采集数据，其所支持的功能有：

- ●对进程间同步进行调试。
- ●对内核与进程间的交互进行跟踪调试。
- ●测量中断所耗费时间。
- ●测量系统对于外界请求的反应和处理过程。

目前除了软件调试外，还有很多硬件调试工具支持程序和系统等的调试，例如，ICE、BDM 或 JTAG 等调试器。关于各种调试方法，调试技巧的使用，可进一步参考韩存兵等人编写的《构建嵌入式 Linux 系统》一书。

13.4.2 可移植性问题

嵌入式开发所遇到的一个很重要的问题就是可移植问题。可移植性指的是应用程序从一个平台转换到另一个平台上的难易程度，以及转换后的运行稳定性。为了提高可移植性，一般需要考虑不同平台间的差异，尽量不涉及这些差异的特殊部分。

Linux 是一个可移植性非常高的基础平台，虽然屏蔽了大多数硬件之间的差异，但如果移植到不同平台时，还需要考虑以下问题。

（1）不同 CPU 体系涉及不同字长问题，比如 32 位 CPU 寻址范围和 64 位 CPU 寻址范围就存在巨大差别。

（2）字节序问题，即第 11 章中提到的 big-endian 和 little-endian 的区别。

（3）变量的内存地址和该变量长度之间存在的数据对齐问题。

（4）时间单位问题，不同体系结构的平台上对时间长度的度量不同，一般与其主频有关，需要考虑具体平台上的时间度量长度的区别。

13.5 小结

由于 Linux 具有对各种设备的广泛支持性，因此能方便地应用于机顶盒、IA 设备、PDA、掌上电脑、WAP 手机、寻呼机、车载盒以及工业控制等智能信息产品中。与 PC 相比，手持设备、IA 设备以及信息家电的市场容量要高得多，而 Linux 嵌入式系统的强大生命力和利用价值，将推动嵌入式技术的进一步发展。

◇◇ 习 题 ◇◇

一、填空题

1. 驱动程序把操作系统的指令翻译传递给_____去具体执行。

2. 驱动是内核代码的一部分，如果驱动工作不稳定，就会引起_____的崩溃。

3. Linux 上将设备分为_____和_____。

4. 虚拟内存与物理内存之间的映射由_____部件完成。

二、简答题

1. 简述块设备和字符设备之间的区别。

2. 简述用户空间和内核空间的区别。

附录

习题答案

第 1 章

一、填空题

1.Red Hat

2.gcc

3.POISX

4. 开源软件

5.UNIX

二、简答题

1. Linux 的前身 UNIX 正式版本的核心是由贝尔实验室（Bell Laboratories）在 20 世纪 70 年代开发的。1991 年，芬兰赫尔辛基大学的 Linus Torvalds 用 bash 和 gcc 等工具编写了一个在 Intel 的 386 机器上运行的核心程序，这就是 Linux 操作系统的内核。现在较为流行的 Linux 版本有 RedHat Linux、Mandriva 和红旗 Linux 等。

2. 依照可重用的原则编译的一组函数，再按照一定的需求把一部分函数集合起来就构成了"库"的概念。通常某个库用于完成某项特定的常见任务，诸如访问数据库等。

3. 基于 Linux 系统的特性，使得在 Linux 环境下进行程序设计有着十分方便和强大的特性。

简洁性：Linux 系统中集成了许多简便迅捷的软件工具，易于理解且功能强大。

重点性：由于程序开发人员无法实现预测用户的需求，所以在开发软件程序时往往有侧重性的让软件的功能趋于单一化，以便日后将不同小程序综合成适合用户的一个系统，而不是在开始时就开发一个臃肿复杂的庞大系统，事后又发现它根本不是针对用户需求的结果。

可复用性：把应用程序核心组成一个库，并且提供简单灵活的程序设计接口和具备详细文档的函数库，这样就可以用于其他同类开发的项目。

开放性：用户可以用标准软件工具对已有的 Linux 程序进行配置数据的改动，从而开发出新的工具，并且用新的函数去处理数据。

三、上机题

略

第 2 章

一、填空题

1.mkdir /home/study

2.man 或 help

3.mkdir A/B –p

4.-r

5.ln /root/ylj /home/file

二、上机题

略

第 3 章

一、填空题

1. 插入模式　命令模式　底行模式

2. 插入模式　底行模式

3. ESC

4. yy　5G　p

5. 12G

6. co 3,16 20

7. %s/hello/helloworld/g

8. 命令模式下使用 ZZ 底行模式下使用 x 或 wq

9. /

10. .vimrc

二、上机题

略

第 4 章

一、填空题

1. Shell　高级语言

2. 预编译　编译　汇编　链接

3. gcc

4. #ifndef A

#define　A

头文件内容

#endif

5. -g

6. CodeBlocks sudo apt-get install codeblocks

7. run　watch list

8. 函数声明　类型定义　宏定义　头文件

9. 将宏定义展开到当前文件中　.i

10. a.out　gcc first. c –o first

二、上机题

1. 略

2. 略

3. 可以使用冒泡法或选择法实现这两种算法，参考代码如下：

```
/*头文件share.h*/
#ifndef _S_H_
#define _S_H_
struct student
```

```
{
  int id;
  char name[10];
  float score;
};
#include <stdio.h>
#endif
/*main.c*/
#include " share.h "
#include " bank.h "
main()
{
    struct student stu[10];
    int i;
    for(i=0;i<10;i++)
    {
      printf("请输入第%d个学生的学号",i+1);
      scanf("%d " ,&stu[i].id);
      printf("请输入第%d个学生的姓名",i+1);
      scanf( " %s " ,stu[i].name);
      printf("请输入第%d个学生的成绩",i+1);
      scanf("%f " ,&stu[i].score);
    }

    sortaz(stu,10);
    for(i=0;i<10;i++)
        printf( " %f\n " ,stu[i].score);
}
/*sort.c*/
#include " share.h "

void sortaz(struct student a[],int n)
{
    int i,j;
    struct student t;
    for(i=1;i<=n-1;i++)
        for(j=0;j<=n-1-i;j++)
            if(a[j].score>a[j+1].score)
            {
              t=a[j];
              a[j]=a[j+1];
              a[j+1]=t;
                        }}
```

4. 需要在 main.c 中定义动态数组。代码如下：

```
#include " share.h "
#include " bank.h "
main()
{  int num;
   printf( " 请输入你班学生人数 " );
   scanf( " %d " ,&num);
```

```
struct student stu[num];
int i;
for(i=0;i<num;i++)
{
    printf("请输入第%d个学生的学号",i+1);
    scanf( " %d " ,&stu[i].id);
    printf("请输入第%d个学生的姓名",i+1);
    scanf( " %s " ,stu[i].name);
    printf("请输入第%d个学生的成绩",i+1);
    scanf( " %f " ,&stu[i].score);
}

sortaz(stu,num);
for(i=0;i<num;i++)
    printf( " %f\n " ,stu[i].score);
}
```

其他两个文件不变，请读者自行测试。

第 5 章

一、填空题

1. 静态库　动态库　动态库

2. gcc sort.c –c –fpic ; gcc –shared sort.o –o libmath.so

3. 静态库　动态库

4. 查看静态库中的模块

5. 动态库　-static

二、简答题

1.

静态函数库：

这类库的名字一般是 libxxx.a。利用静态函数库编译成的文件比较大，因为整个函数库的所有数据都会被整合进目标代码中，因而其优点就显而易见了，即编译后的执行程序不需要外部的函数库支持，因为所有使用的函数都已经被编译进去了。当然这也会成为缺点，因为如果静态函数库改变了，那么所有程序必须重新编译。

动态函数库：

这类库的名字一般是 libxxx.so。相对于静态函数库，动态函数库并没有被编译进目标代码中，所有程序执行到相关函数时才调用该函数库里的相应函数，因此动态函数库所产生的可执行文件比较小。由于函数库没有被整合进所有程序，而是程序运行时动态的申请并调用，所以在程序的运行环境中必须提供相应的库。动态函数库的改变并不影响所有程序，所以动态函数库的升级比较方便。

2. 略

3. 详见本章 5.3 节内容

三、上机题

1. 略

2. 请参照本章例题来完成

第 6 章

一、填空题

1.makefile

2.Automake

3.makefile Makefile

4.$<

5.configure

二、上机题

1. 参照本章例题

2. 参照本章例题

第 7 章

一、填空题

1. open   opendir

2. fcntl

3. open(" a.txt ",O_RDWR|O_APPEND);

4. 字节

5. 属主拥有读的权限

二、选择题

1.（C） 2.（A） 3.（C） 4.（A） 5.（B）

三、上机题

1. 参考代码如下：

```
int main()
{
int fd1 = open( " file1.txt " , O_RDONLY);
int fd2 = open( " file2.txt " , O_RDWR|O_CREAT|O_TRUNC, 0666);
if(fd1 == -1 || fd2 == -1)
    {   perror( " open " );
        return -1;
    }
    char buf[100]:
    int res;
    res = read(fd1, buf, sizeof(buf))
    while((res> 0)    { write(fd2, buf, res);
                            res = read(fd1, buf, sizeof(buf));
    }
    close(fd1);
    close(fd2);
```

2. 参考代码如下：

```
#include <stdio.h>
#include <stdlib.h>
#include <dirent.h>
#include <string.h>
//利用递归打印指定目录下的所有内容(含子目录)
static cengshu=0;
void print(char *path){int i;
    //先读取目录，然后判断读到的是目录还是文件
    //文件：打印
    //目录：递归调用print，完成打印子目录功能
            DIR *dir = opendir(path);
    if(dir == NULL) return;
    chdir(path);
    struct dirent *ent;
    while(ent = readdir(dir)){
        if(strcmp( " .. " ,ent->d_name) == 0 ||    strcmp( " . " ,ent->d_name) == 0)
continue;
        if(ent->d_type== 4){//目录
            for(i=0;i<=cengshu;i++)
                printf( " ");
        printf( " %s\n " ,ent->d_name);
                cengshu++;
            print(ent->d_name);
        }else{//文件
                for(i=0;i<=cengshu;i++) printf( "  " );
            printf( " %s\n " ,ent->d_name);
        }
    }
    chdir( " .. " );
    cengshu--;
}
int main(){
    print( " . " );
}
```

3. 参照本章实例。提示：小写字母的 ASCII 码编号比相应大写字母的 ASCII 码编号大 32。

第 8 章

一、填空题

1. shell

2. "|"　重定向到

3. 交互式　非交互式

4. $

二、上机题

1. 参考代码如下：

```
#!/bin/bash
read -p " Pleas input your birthday (MMDD, ex> 0709): " bir
now='date +%m%d'
if [ " $bir " == " $now " ]; then
echo " Happy Birthday to you!!! "
elif [ " $bir " -gt " $now " ]; then
year='date +%Y'
total_d=$(($(('date --date= " $year$bir " +%s'-'date +%s'))/60/60/24))
echo " Your birthday will be $total_d later "
else
year=$(('date +%Y'+1))
total_d=$(($(('date --date= " $year$bir " +%s'-'date +%s'))/60/60/24))
echo " Your birthday will be $total_d later "
fi
```

2. 参考代码如下：

```
#!/bin/bash
read -p " Please input an integer number: " number
i=0
s=0
while [ " $i " != " $number " ]
do
i=$(($i+1))
s=$(($s+$i))
done
echo " the result of ' 1+2+3+...$number ' is ==> $s "
```

3. 参考代码如下：

```
#!/bin/bash
echo -e " Your name is ==> $(whoami) "
echo -e " The current directory is ==> $(pwd) "
```

第 9 章

一、填空题

1. 运行态　就绪态　等待态

2. >0　0

3. getpid()

4. return　exit　_exit

5. CPU

二、上机题

1. 参照本章子进程创建实例。

2. 参照本章子进程创建实例。

3. 参照代码如下：

```
#include <unistd.h>
#include <stdio.h>
```

```
main()
{
    int pid1,pid2,pid3;
    pid1=fork();
    pid2=fork();
    pid3=fork();
    if(pid1==0)
        //子进程要完成的任务
    {printf( " i am child process%d\n " ,getpid());
     while(1);
    }
    else
        // 父进程完成的任务
     { printf( " i am parent process%d\n " ,getpid());
       while(1);
     }
    if(pid2==0)
        //子进程要完成的任务
    {printf( " i am child process%d\n " ,getpid());
     while(1);
    }

     else
        // 父进程完成的任务
     { printf( " i am parent process%d\n " ,getpid());
       while(1);
     }
    if(pid3==0)
        //子进程要完成的任务
    {printf( " i am child process%d\n " ,getpid());
     while(1);
    }

     else
        // 父进程完成的任务
     { printf( " i am parent process%d\n " ,getpid());
       while(1);
     }
}
```

第 10 章

一、填空题

1. 消息队列　共享内存　信号量

2. 有名管道　无名管道

3. 共享内存

4. ipcs

5. msgget

6.shmget

7.semget

二、上机题

/* 写入内容的程序 :send.c*/ 代码如下：

```c
#include <stdio.h>
#include <sys/types.h>
#include <sys/ipc.h>
#include <sys/msg.h>
#include <errno.h>
#include <stdlib.h>
#include <string.h>
#define MSGKEY 1024

struct msgstru
{
    long msgtype;
    char msgtext[2048];
};

main()
{
    struct msgstru msgs;
    int msg_type;
    char str[256];
    int ret_value;
    int msqid;

    msqid=msgget(MSGKEY,IPC_EXCL);   /*检查消息队列是否存在*/
    if(msqid < 0){
        msqid = msgget(MSGKEY,IPC_CREAT|0666);/*创建消息队列*/
        if(msqid <0){
        printf( " failed to create msq | errno=%d [%s]\n " ,errno,strerror(errno));
        exit(-1);
        }
    }

    while (1){
        printf( " input message type(end:0): " );
        scanf( " %d " ,&msg_type);
        if (msg_type == 0)
            break;
        printf( " input message to be sent: " );
        scanf ( " %s " ,str);
        msgs.msgtype = msg_type;
        strcpy(msgs.msgtext, str);
        /* 发送消息队列 */
        ret_value = msgsnd(msqid,&msgs,sizeof(struct msgstru),IPC_NOWAIT);
        if ( ret_value < 0 ) {
            printf( " msgsnd() write msg failed,errno=%d[%s]\n " ,errno,strerror(errno));
            exit(-1);
        }
```

```
  }
  msgctl(msqid,IPC_RMID,0); //删除消息队列
 }
```
/* 输出数据程序 :recieve.c*/ 代码如下 :

```c
#include <stdio.h>
#include <sys/types.h>
#include <sys/ipc.h>
#include <sys/msg.h>
#include <errno.h>
#include <stdlib.h>
#include <string.h>
#define MSGKEY 1024
  struct msgstru
{
  long msgtype;
  char msgtext[2048];
};

/*子进程,监听消息队列*/
void childproc(){
  struct msgstru msgs;
  int msgid,ret_value;
  char str[512];

  while(1){
    msgid = msgget(MSGKEY,IPC_EXCL );/*检查消息队列是否存在 */
    if(msgid < 0){
       printf( " msq not existed! errno=%d [%s]\n " ,errno,strerror(errno));
     sleep(2);
       continue;
     }
     /*接收消息队列*/
    ret_value = msgrcv(msgid,&msgs,sizeof(struct msgstru),0,0);
     printf("text=[%s] pid=[%d]\n",msgs.msgtext,getpid());
 }
  return;
}

void main()
{
  int i,cpid;

  /* create 5 child process */
  for (i=0;i<5;i++){
    cpid = fork();
    if (cpid < 0)
     printf( " fork failed\n " );
   else if (cpid ==0) /*child process*/
      childproc();
  }
}
```

第 11 章

一、填空题

1. 进程地址空间　线程号　寄存器　栈空间

2. pthread.h，-lpthread

3. 非分离状态

4. return　pthread_exit

二、上机题

1. 可参考本章的例 11-1。

2. 可参考本章的例 11-6。

3. 参考代码如下：

```c
#include <pthread.h>
#include <stdio.h>
#include <sys/time.h>
#include <string.h>
#define MAX 10
pthread_t thread[2];
pthread_mutex_t mut;
int number=0, i;

void *thread1()
{
        printf ( " thread1 : I ' m thread 1\n " );

        for (i = 0; i < MAX; i++)
        {
                printf( " thread1 : number = %d\n " ,number);
                pthread_mutex_lock(&mut);
                        number++;
                pthread_mutex_unlock(&mut);
                sleep(2);
        }

        printf( " thread1 exit\n " );
        pthread_exit(NULL);
}

void *thread2()
{
        printf( " thread2 : I ' m thread 2\n " );

        for (i = 0; i < MAX; i++)
        {
                printf( " thread2 : number = %d\n " ,number);
                pthread_mutex_lock(&mut);
                        number++;
                pthread_mutex_unlock(&mut);
                sleep(3);
        }
```

```
        printf( " thread2 exit\n " );
        pthread_exit(NULL);
}

void thread_create(void)
{
        int temp;
        memset(&thread, 0, sizeof(thread));
        /*创建线程*/
        if((temp = pthread_create(&thread[0], NULL, thread1, NULL)) != 0)
                printf( " 线程1创建失败!\n " );
        else
                printf( " 线程1被创建\n " );

        if((temp = pthread_create(&thread[1], NULL, thread2, NULL)) != 0)
                printf( " 线程2创建失败 " );
        else
                printf( " 线程2被创建\n " );
}

void thread_wait(void)
{
        /*等待线程结束*/
        if(thread[0] !=0) {
                pthread_join(thread[0],NULL);
                printf( " 线程1已经结束\n " );
        }
        if(thread[1] !=0) {
                pthread_join(thread[1],NULL);
                printf( " 线程2已经结束\n " );
        }
}

int main()
{
        /*用默认属性初始化互斥锁*/
        pthread_mutex_init(&mut,NULL);

        printf( " main:我正在创建线程\n " );
        thread_create();
        printf( " main:我正在等待子线程退出\n " );
        thread_wait();

        return 0;
}
```

第 12 章

一、填空题

1. 七　四　应用层　传输层　网际协议层　主机联网层
2. TCP/IP

3. 高字节存储在开始地址　低字节存储在开始位置

4. 数据流套接字　数据报套接字

5. 大端

6. 4　A 类　B 类　C 类　D 类

7. B 类

8. send　recv

9. 5678　7856

10. uint32_t htonl(uint32_t hostint32);

uint16_t htons(uint16_t hostint16);

uint32_t ntohl(uint32_t netint32);

uint16_t ntohs(uint16_t netint16);

二、选择题

1.（B）　2.（B）　3.（C）　4.（C）　5.（A）

三、上机题

1. 提示代码如下：

```
    union
{
    int a;
    char c;
 } test;
test.a = 1;
if(test.c == 1)
{
    小端
}
```

2. 参照本章实例

第 13 章

一、填空题

1. 硬件

2. 操作系统

3. 字符设备　块设备

4. MMU

二、简答题

1. 参见 13.3 节和 13.4 节

2. 参见 13.1 节